工业和信息化普通高等教育"十二五"规划教材

21世纪高等教育计算机规划教材

计算机网络技术基础实验教程

Experimental Tutorial of Computer Network Technology

周舸 主编

陈轲 杨姝 副主编

U0352408

人民邮电出版社

北 京

图书在版编目（CIP）数据

计算机网络技术基础实验教程 / 周舸主编. -- 北京
: 人民邮电出版社，2014.1
21世纪高等学校计算机规划教材
ISBN 978-7-115-33386-5

Ⅰ. ①计… Ⅱ. ①周… Ⅲ. ①计算机网络—高等学校
—教材 Ⅳ. ①TP393

中国版本图书馆CIP数据核字(2013)第244588号

内 容 提 要

本书是《计算机网络技术基础》的配套实验教材，共包含 12 个不同难度的实验，适合学生循序渐进地学习。全书系统地介绍了网络的基本要素、双绞线的制作与应用、网络连接性能的测试、小型对等网的组建、交换机和路由器的基本配置、交换机中 VLAN 的配置、路由器静态路由的配置、路由器动态路由协议的配置、WWW 服务、电子邮件的使用、DHCP 和 DNS 服务器的安装与配置。

本书既可作为高等院校计算机及其相关专业网络基础课程的实验教材，还可作为计算机网络培训或技术人员自学的参考资料。

◆ 主　　编　周　舸
　　副主编　陈　轲　杨　姝
　　责任编辑　李育民
　　责任印制　焦志炜

◆ 人民邮电出版社出版发行　　北京市丰台区成寿寺路 11 号
　　邮编　100164　　电子邮件　315@ptpress.com.cn
　　网址　http://www.ptpress.com.cn
　　三河市潮河印业有限公司印刷

◆ 开本：787×1092　1/16
　　印张：5.5　　　　　　　　　　2014 年 1 月第 1 版
　　字数：143 千字　　　　　　　2014 年 1 月河北第 1 次印刷

定价：15.00 元
读者服务热线：**(010)81055256**　印装质量热线：**(010)81055316**
反盗版热线：**(010)81055315**

前　言

　　计算机网络课程不仅是一门理论性很强的课程，也是一门实践性很强的课程。学生必须通过严格的实践训练才能真正深入理解和掌握计算机网络的基本理论、协议和算法。

　　本书是《计算机网络技术基础》的配套实验教材，主要针对初学者而精心编写。如何精选内容尽快让初学者上手迅速提高实践能力，一直是困扰作者多年的一个难题。从建立网络实践教学平台、独立开设网络技术实验课、支撑电子信息类专业人才培养等多个角度出发，本书作者与同事们进行了多年的实验教学模式探索，无论从配合理论教学开设实验课，还是独立开设网络技术实验课，都进行了一些有益的尝试。本书的内容体系是经过长期的探索实践，逐年淘汰旧内容，添加新内容后才逐步形成的。

　　全书精心设计了 12 个实验，包括网络的基本要素、双绞线的制作与应用、网络连接性能的测试、小型对等网的组建、交换机和路由器的基本配置、交换机中 VLAN 的配置、路由器静态路由的配置、路由器动态路由协议的配置、WWW 服务、电子邮件的使用、DHCP 和 DNS 服务器的安装与配置等内容，并在每个实验之后给出了可以进一步掌握该实验内容的练习与思考题目。

　　本书在实验内容组织上具有较强的系统性和可操作性，所要求的实验环境相对简单和统一，实验内容几乎可以在所有学校计算机网络实验室环境中完成。学生通过完成设计的实验内容，能够深入掌握和理解计算机网络内在的工作原理和工作过程，增强学生分析问题和解决问题的动手实践能力。教师在使用本书时可以根据教学的实际情况从中选择相应的实验教学内容，要求学生完成适当数量和难度的实验。

　　本书由周舸担任主编，陈轲和杨姝担任副主编。周舸编写了实验 1～实验 4、实验 9～实验 12，杨姝编写了实验 5 和实验 6，陈轲编写了实验 7 和实验 8。全书由周舸拟定大纲并统稿。

　　限于作者的学术水平，书中不妥之处在所难免，敬请读者批评指正，来信请至zhou-ge@163.com。

周　舸

2013 年 9 月

目 录

实验 1
理解网络的基本要素

1.1　实验目的、性质及器材

1. 实验目的
- 掌握局域网的定义和特性，熟悉局域网的几种拓扑结构，通过比较理解各自的特点。
- 了解网络使用的通信协议。

2. 实验性质
验证性实验。

3. 实验器材
计算机（安装 Windows XP 系统）、网络适配器、双绞线、RJ-45 水晶头、集线器等。

1.2　实 验 导 读

　　随着计算机的发展，人们越来越意识到网络的重要性。通过网络，人们拉近了彼此之间的距离，原本分散在各处的计算机被网络紧紧地联系在了一起。局域网作为网络的重要组成部分，发挥了不可忽视的作用。局域网可分为小型局域网和大型局域网。小型局域网是指占地空间小、规模小、建网经费少的计算机网络，常用于办公室、学校多媒体教室、游戏厅、网吧，甚至家庭中的两台计算机也可以组成小型局域网。大型局域网主要用于企业 Intranet 信息管理系统、金融管理系统等。

1. 网络的分类
　　（1）按网络的拓扑结构分类。网络的拓扑结构是指网络中通信线路和节点（计算机或网络设备）的几何排列形式。

　　① 星型网络：各节点通过点到点的链路与中心节点相连。星型网络的特点是：在网络中增加和移动节点十分方便，数据的安全性和优先级容易控制，易于实现网络监控，但中心节点的故障会引起整个网络瘫痪。

　　② 环型网络：各节点通过通信介质连成一个封闭的环。环型网络容易安装和监控，但容量有限，网络建成后，难以增加和移动节点。

　　③ 总线型网络：网络中所有的节点共享一条数据通道。总线型网络安装简单方便，需要铺设

的电缆最短，成本低，且某个站点的故障一般不会影响整个网络，但总线的故障会导致整个网络瘫痪，因此总线型网络的安全性较低，监控比较困难，并且增加新的节点也不如星型网络容易。

④ 树型网络、网状型网络等其他拓扑结构的网络都是以上述 3 种拓扑结构为基础搭建的。

（2）按服务方式分类。

① 客户机/服务器（C/S）网络：它不仅是客户机向服务器发出请求并获得服务的一种网络形式，也是最常用、最重要的一种网络类型。服务器是指专门提供服务的高性能计算机或专用设备；客户机是指用户计算机，多台客户机可以共享服务器提供的各种资源。这种网络不仅适合于同类计算机连网，而且也适合于不同类型的计算机连网，如 PC、Mac 机的混合连网。

② 对等网络：对等网络不需要文件服务器，每台客户机都可以与另一台客户机平等对话，共享彼此的信息资源和硬件资源，组网的计算机一般类型相同。这种网络方式灵活方便，但是较难实现集中管理与监控，安全性也较低，一般适合于部门内部协同工作的小型网络。

2. NetBEUI、IPX/SPX 和 TCP/IP 3 种局域网协议

（1）NetBEUI 协议。用户扩展端口（NetBIOS Extended User Interface，NetBEUI）由 IBM 于 1985 年开发完成，是一种体积小、效率高、速率快的通信协议，也是微软最钟爱的一种通信协议，所以 NetBEUI 被称为微软所有产品中通信协议的"母语"。NetBEUI 是专门为由几台到百余台计算机所组成的单网段部门级小型局域网而设计的，不具有跨网段工作的功能，即 NetBEUI 不具备路由功能。如果一个服务器上安装了多个网卡，或要采用路由器等设备进行两个局域网的互联时，则不能使用 NetBEUI 通信协议。否则，不同网卡（每一个网卡连接一个网段）相连的设备之间以及不同的局域网之间无法进行通信。在 3 种通信协议中，NetBEUI 占用的内存最少，在网络中基本不需要任何配置。

（2）IPX/SPX 及其兼容协议。Internet 分组交换/顺序包交换（Internet Packet Exchange/Sequences Packet Exchange，IPX/SPX）是 Novell 公司的通信协议集。在设计 IPX/SPX 时，开发人员就考虑了多网段问题，它具有强大的路由功能，适合于大型网络使用。当用户端接入 NetWare 服务器时，IPX/SPX 及其兼容协议是最好的选择，但在非 Novell 网络环境中，IPX/SPX 一般不使用。尤其在 Windows NT 网络和由 Windows 95/98 组成的对等网中，无法直接使用 IPX/SPX 通信协议。

Windows NT 中提供了两个 IPX/SPX 的兼容协议："NWLink IPX/SPX 兼容协议"和"NWLink NetBIOS"，两者统称为"NWLink 通信协议"。NWLink 协议是 Novell 公司 IPX/SPX 协议在微软网络中的实现，在继承了 IPX/SPX 协议优点的同时，更进一步适应了微软的操作系统和网络环境。

（3）TCP/IP 协议。TCP/IP 是目前最常用的一种通信协议。TCP/IP 具有很强的灵活性，支持任意规模的网络，几乎可连接所有服务器和工作站。在使用 TCP/IP 时需要进行复杂的设置，每个节点至少需要一个"IP 地址"、一个"子网掩码"、一个"默认网关"和一个"主机名"，对于一些初学者来说使用不太方便。不过，在 Windows NT 中提供了一个被称为动态主机配置协议（DHCP）的工具，可以自动为客户机分配连入网络时所需的信息，从而减轻了连网工作的负担，并避免了出错。当然，DHCP 所拥有的功能必须要有 DHCP 服务器才能实现。另外，同 IPX/SPX 及其兼容协议一样，TCP/IP 也是一种具有路由功能的协议。

（4）选择通信协议的条件。

① 选择适合于网络特点的协议。若网络存在多个网段或要通过路由器相连时，就不能使用不具备路由和跨网段操作功能的 NetBEUI 协议，而必须选择 IPX/SPX 或 TCP/IP 等协议。

② 尽量少地选用网络协议。一个网络中尽量只选择一种通信协议，协议越多，占用计算机的内存资源就越多，从而影响计算机的运行速度，不利于网络的管理。

③ 注意协议的版本。每个协议都有其发展和完善的过程，因而出现了不同的版本，每个版本的协议都有其最为合适的网络环境。在满足网络功能要求的前提下，应尽量选择高版本的通信协议。

④ 协议的一致性。如果要让两台实现互连的计算机间进行对话,则使用的通信协议必须相同。否则，中间需要一个"翻译"来进行不同协议的转换，不仅影响网络的通信速率，还不利于网络的安全和稳定运行。

3. IP 地址及其应用

（1）IP 地址介绍。局域网中的每台计算机都需要安装一块网卡，并用网卡来接入网络，在接入时，每一块网卡必须分配唯一的主机名和 IP 地址。TCP/IP 是 Internet 和大多数局域网所采用的一组协议，即 TCP/IP 是由多个子协议组成的，IP 地址是其中最为重要的一个组成部分。目前使用的 IP 地址的版本是 IP v4.0，每一个 IP 地址都由 4 个字节（每个字节的取值范围是 0 ~ 255）组成，字节之间用小圆点"."隔开。

（2）IP 地址的分类。IP 地址分为两个部分，即网络地址（或称网络 ID）和主机地址（或称"主机 ID"）。网络地址用于确定某一特定的网络，主机地址用于确定该网络中某一特定的主机。网络地址类似于长途电话号码中的区号，主机地址类似于市话中的电话号码。同一网络上所有主机共用同一个网络地址，这个网络地址在 Internet 中是唯一的；主机地址则确定网络中的一个工作站、服务器、路由器、交换机或其他 TCP/IP 主机。对同一个网络地址来说，主机地址是唯一的。因此，即使主机地址相同，但网络地址不同，仍然能区分两台不同的主机。如果简单地将前两个字节规定为网络地址，那么，由于任何网络上都不可能有 2^{16}（65 536）个以上的主机，从而导致大量非常宝贵的地址空间被浪费。为了有效利用有限的地址空间，IP 地址被分为 A 类、B 类、C 类、D 类、E 类。

常用的 A 类、B 类和 C 类地址都由两个字段组成。A 类、B 类和 C 类地址的网络地址字段分别为 1、2 和 3 字节长，在网络地址字段的最前面有 1 ~ 3 位的类别比特，其数值分别规定为 0、13 和 113；A 类、B 类和 C 类地址的主机地址字段分别为 3、2 和 1 字节长，如表 1-1 所示。

表 1-1   A 类、B 类和 C 类地址

网络类别	最大网络数	第一个可用的网络地址	最后一个可用的网络地址	每个网络中的最大主机数
A	126	1	126	16 777 214
B	16 382	128.1	191.254	65 534
C	2 097 140	192.0.1	223.255.254	254

1.3 实 验 内 容

1. 预备知识

观看和学习网络知识有关的教学片。

2. 实地考察

与当地的商业机构、学校或其他机构取得联系，参观该机构的网络，与其网络负责人交谈，

询问有关该网络的拓扑结构、硬件、操作系统和协议等方面的问题，记录有关内容，画出网络拓扑结构示意图。

3. 了解网络结构

参观学校机房的物理架构，了解网络的拓扑结构、硬件、操作系统、协议等方面的问题，记录有关内容，画出网络拓扑结构示意图。

4. 熟悉网络配置的基本属性以及网络的通信协议

右击"网上邻居"图标，选择"属性"选项打开"属性"窗口。右击"本地连接"图标，选择"属性"选项，在弹出的对话框中选择"常规"选项卡，界面如图 1-1 所示。查看本地计算机所安装的网络组件，记录各组件的内容，并了解各组件的作用。

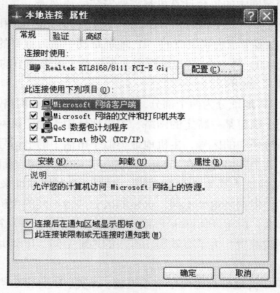

图 1-1 "本地连接 属性"对话框

注意

上面一栏是当前使用网卡的型号；下面一栏是加载到该网卡上的各种服务和协议，默认情况下 Windows XP 操作系统自动加载"Microsoft 网络客户端"、"Microsoft 网络的文件和打印机共享"、"QoS 数据包计划程序"、"Internet 协议（TCP/IP）"。每个服务或协议前面都有一个选择框，用来选择是否加载该项。前面两项服务是为了使计算机能够访问网上的其他计算机和共享本地的文件和打印机，通常都需要加载；TCP/IP 最初应用在 UNIX 系统中，现在已成为 Internet 的标准协议，另外 NetBEUI 协议一般使用在小型的局域网中，用户也可根据需要手动添加。

5. 了解本地计算机名、工作组的含义

右击"我的电脑"图标，选择"属性"选项打开"系统属性"对话框，选择"计算机名"选项卡，查看本地计算机使用的计算机名和工作组名，记录下各名称的内容并了解各名称的含义，如图 1-2 所示。

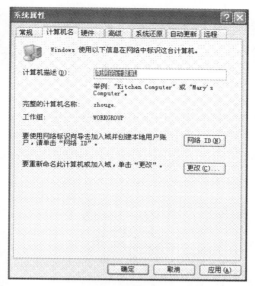

图 1-2　"计算机名"选项卡

6．了解局域网的硬件设备

组成小型局域网的主要硬件设备有网卡、集线器、交换机、网桥、路由器、网关等。用集线器组成的网络称为共享式网络，而用交换机组成的网络称为交换式网络。同时，集线器只能在半双工方式下工作，而交换机同时支持半双工和全双工操作。共享式以太网存在的主要问题是所有用户共享带宽，每个用户的实际可用带宽随网络用户数的增加而递减。在交换式以太网中，交换机提供给每个用户专用的信息通道，除非两个源端口企图同时将信息发往同一个目的端口，否则多个源端口与目的端口之间可同时进行通信而不会发生冲突。交换机只是在工作方式上与集线器不同，其他如连接方式、速率选择等与集线器基本相同。下面主要介绍网卡、集线器和网络传输介质。

（1）网卡（Network Interface Card，NIC）。也称为网络适配器，是连接计算机与网络的硬件设备。网卡插在计算机或服务器扩展槽中，如图 1-3 所示，通过网络传输介质（如双绞线、同轴电缆或光纤）与网络交换数据、共享资源。

图 1-3　Realtek 14/140M 自适应网卡

（2）集线器（HUB）。是局域网中计算机和服务器的连接设备，是局域网的星型连接点。每个工作站通过双绞线连接到集线器上，由集线器对工作站进行集中管理。集线器如图 1-4 所示。

图 1-4　集线器

（3）网络传输介质。网络传输介质是网络中传输数据、连接各网络站点的实体，如双绞线、同轴电缆、光纤。除此之外，网络信息还可以利用无线电、微波和红外技术进行传输。

双绞线是局域网中最常用的网络传输介质，特别适用于短距离的信息传输。双绞线和连接双绞线的 RJ-45 水晶头分别如图 1-5 和图 1-6 所示。

图 1-5　双绞线

图 1-6　RJ-45 水晶头

7. 连线方法

采用星型连接时，各个工作站通过双绞线连接在 HUB 的端口上，服务器上的网卡只需直接和 HUB 端口相连就可以了。下面是几个安装实例。

（1）网卡和双绞线的连接，如图 1-7 所示。

图 1-7　网卡和双绞线的连接

（2）HUB 和双绞线的连接，如图 1-8 所示。

图 1-8　HUB 和双绞线的连接

1.4 实验作业

（1）简述计算机网络的分类以及各自的优缺点。

（2）组成局域网的主要硬件设备有哪些？各自起什么作用？

（3）局域网使用的通信协议有哪些？各自有什么优缺点？

实验 2
双绞线的制作与应用

2.1 实验目的、性质及器材

1. 实验目的
- 掌握局域网中电缆线的作用。
- 掌握如何制作用于计算机与集线器连接、集线器的级联以及计算机与计算机连接的双绞线。

2. 实验性质
设计性实验。

3. 实验器材
双绞线、RJ-45 水晶头、双绞线剥线器等。

2.2 实 验 导 读

1. 双绞线概述

双绞线是局域网布线中最常用到的一种传输介质，尤其是在星型网络拓扑中，双绞线是必不可少的布线材料。为了降低信号的干扰程度，每一对双绞线一般由两根绝缘铜导线互相缠绕而成，每根铜导线的绝缘层上分别涂有不同的颜色，以示区别。

双绞线一般分为非屏蔽双绞线（UTP）和屏蔽双绞线（STP）两大类。每条双绞线通过两端安装的 RJ-45 连接器（俗称水晶头与网卡和集线器或交换机）相连，其最大网段长度为 100 m。如果要加大网络的范围，可在两段双绞线电缆间安装中继器（一般用 HUB 或交换机级联来实现），但最多只能安装 4 个中继器，使网络的最大范围达到 500 m。

在局域网中，双绞线主要用于连接网卡与集线器、集线器与集线器（因为集线器的连接方式与交换机相同，所以如无特殊说明，集线器的连接方式同样适用于交换机的连接），有时也可直接用于两个网卡之间的连接。

2. 双绞线连接网卡和集线器时的线对分布

在局域网中，从网卡到集线器间为直通（MDI）连接，即两个 RJ-45 连接器中导线的分布应统一。5 类 UTP 规定有 8 根线（4 对线，只用了其中的 4 根，脚 1 和脚 2 必须成一对，脚 3 和脚

6 也必须成一对）。当 RJ-45 连接器有弹片的一面朝下，带金属片的一端向前时，RJ-45 接头中 8 个引脚的分布如图 2-1 所示。其中，脚 1（TX$_+$）和脚 2（TX$_-$）用于发送数据，脚 3（RX$_+$）和脚 6（RX$_-$）用于接收数据，即一对用于发送数据，一对用于接收数据。其他的两对（4 根）线没有使用。

脚 1 脚 2 脚 3 脚 4 脚 5 脚 6 脚 7 脚 8

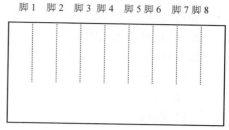

图 2-1 RJ-45 接头的引脚分布

当用双绞线连接网卡和集线器时，两端的 RJ-45 连接器中导线的分布如图 2-2 所示。

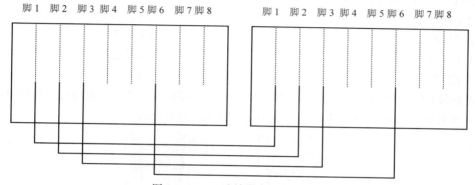

图 2-2 RJ-45 连接器中导线的分布

3. 双绞线连接两个集线器时的线对分布

如果是两个集线器（或交换机）通过双绞线级联，则双绞线接头中线对的分布与上述连接网卡和集线器时有所不同，必须要进行错线（MDIX）。

错线的方法是：将一端的 TX$_+$接到另一端的 RX$_+$，一端的 TX$_-$接到另一端的 RX$_-$，也就是 A 端的脚 1 接到 B 端的脚 3，A 端的脚 2 接到 B 端的脚 6，如图 2-3 所示。这种情况只适用于那些没有标明专用连接端口的集线器之间的连接，而许多集线器为了方便用户提供了一个专门用来串接到另一台集线器的端口，在这个专用端口旁通常标有"UPLINK"或"MDI"的字样。由于在产品设计时，此端口已经错过线，因此对此类集线器进行级联时，双绞线不必错线，方法与连接网卡和集线器时相同。

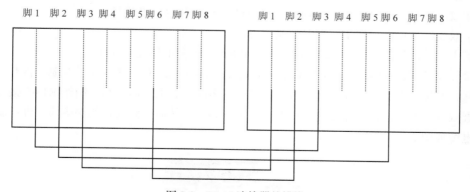

图 2-3 RJ-45 连接器的错线

4. 双绞线直接连接两个网卡时的线对分布

在进行两台计算机之间的连接时，双绞线两端必须要进行错线，其连接方式如图 2-3 所示。

5. 非屏蔽双绞线的制作技术

EIA/TIA 568A 连接器规范如图 2-4（a）所示。

1 T3 白+绿	2 R3 绿
3 T2 白+橙	4 R1 蓝
5 T1 白+蓝	6 R2 橙
7 T4 白+棕	8 R4 棕

EIA/TIA 568B 连接器规范如图 2-4（b）所示。

1 T2 白+橙	2 R2 橙
3 T3 白+绿	4 R1 蓝
5 T1 白+蓝	6 R3 绿
7 T4 白+棕	8 R4 棕

如果是做 HUB 与计算机的连接线，两端使用同一标准即可。如果是做两台计算机对接的线，则需要一端用 EIA/TIA 568A 标准，另一端使用 EIA/TIA 568B 标准。

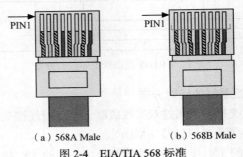

（a）568A Male   （b）568B Male

图 2-4 EIA/TIA 568 标准

2.3 实 验 内 容

1. 双绞线的制作

制作双绞线时，通常以 100 Mbit/s 的 EIA/TIA 568B 作为标准规格。

（1）双绞线连接网卡和集线器时的制作方法。

步骤 1：剪下所需要的双绞线长度，至少 0.6 m，最多不超过 100 m。

步骤 2：利用双绞线剥线器将双绞线的外皮除去 2~3 cm。有一些双绞线电缆上含有一条柔软的尼龙绳，如果在剥除双绞线的外皮时，觉得裸露出的部分太短而不利于制作 RJ-45 接头，那么可以紧握双绞线外皮，再捏住尼龙线往外皮的下方剥开，从而得到较长的裸露线。外皮剥除后的双绞线电缆如图 2-5 所示。

图 2-5 外皮剥除的双绞线电缆

步骤 3：进行剥线的操作。将裸露的双绞线中的橙色对线拨向自己的前方，棕色对线拨向自己的方向，绿色对线拨向左方，蓝色对线拨向右方，如图 2-6 所示。

步骤 4：将绿色对线与蓝色对线放在中间位置，而橙色对线与棕色对线保持不动，即放在靠外的位置，如图 2-7 所示。

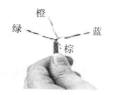

图 2-6　剥线操作 1

图 2-7　剥线操作 2

步骤 5：小心地分开每一根对线，因为是遵循 EIA/TIA 568B 的标准来制作接头，所以线对颜色有一定的顺序，如图 2-8 所示。

需要特别注意的是，绿色条线应该跨越蓝色对线。这里最容易犯错的地方就是将白绿线与绿线相邻放在一起，这样会造成串扰，使传输效率降低。常见的错误剥线接法是将绿色线放到脚 4 的位置，如图 2-9 所示。

图 2-8　剥线操作 3

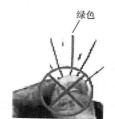

图 2-9　错误的剥线操作

将绿色线放在脚 6 的位置才是正确的，因为在 100 Base-T 网络中，脚 3 与脚 6 是同一对的，所以需要使用同一对线。按照 EIA/TIA 568B 标准，线的排序从左起依次为白橙/橙/白绿/蓝/白蓝/绿/白棕/棕。

步骤 6：将裸露出的双绞线用剪刀或斜口钳剪下只剩约 14 mm 的长度，之所以留下这个长度是为了符合 EIA/TIA 的标准。最后将双绞线的每一根线按顺序放入 RJ-45 接头的引脚内，脚 1 内应该放白橙色的线，其余类推，如图 2-10 所示。

步骤 7：确定双绞线的每根线已经正确放置之后，就可以用剥线器压接 RJ-45 接头了，如图 2-11 所示。

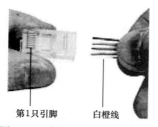

第 1 只引脚　　白橙线

图 2-10　确定每根线放置的位置

图 2-11　剥线器

步骤 8：重复步骤 2 ~ 步骤 7，制作另一端的 RJ-45 接头。因为工作站与集线器之间是直接对接的，所以另一端 RJ-45 接头的引脚接法完全一样。完成后，连接线两端的 RJ-45 接头无论引脚和颜色都完全一样，这种连接方法适用于集线器（或交换机）和计算机网卡之间的连接。

（2）双绞线连接两个集线器（普通端口）时的制作方法。

步骤 1：剪下所需的双绞线长度，至少 0.6 m，最多不超过 100 m，然后利用双绞线剥线器将双绞线的外皮除去 2～3 cm。

步骤 2：进行拨线操作。将裸露的双绞线中的橙色对线拨向自己的前方，棕色对线拨向自己的方向，绿色对线拨向左方，蓝色对线拨向右方。

步骤 3：将绿色对线与蓝色对线放在中间位置，而橙色对线与棕色对线保持不动，即放在靠外的位置。

步骤 4：按照 EIA/TIA 568B 标准，最好的接线方法应该是左起白橙/橙/白绿/蓝/白蓝/绿/白棕/棕；而另一端的接法应该是左起白绿/绿/白橙/蓝/白蓝/橙/白棕/棕。

（3）双绞线直接连接两个网卡时的制作方法。

制作方法和双绞线连接两个集线器时的相同，制作步骤同连接网卡和集线器的不同之处在于错线规则。

2. HUB 与 HUB 及交换机之间的连接

（1）一般 HUB 上都有一个 UPLINK 端口，这主要是为了方便级联，与其相邻的普通 UTP 端口使用同一通道。因而，如果使用 UPLINK 端口，普通端口就不能再使用了。级联的时候，用户可使用双绞线将一个 HUB 的普通端口与另一个 HUB 的 UPLINK 端口连起来。

（2）若不使用 UPLINK 端口，要通过两个普通端口将 HUB 连起来，则双绞线需要一端使用 EIA 568A 标准，另一端使用 EIA 568B 标准。

（3）对于可堆叠的 HUB，可通过后面的堆叠端口将 HUB 堆叠起来。注意：一般只有同一型号的 HUB 才能堆叠。

2.4 实 验 作 业

（1）制作一根双绞线用于连接网卡和集线器。

（2）制作一根双绞线用于连接两个集线器（普通端口）或连接两个网卡。

实验 3
网络连接性能的测试

3.1 实验目的、性质及器材

1. 实验目的
- 熟悉使用 Ping 命令工具来进行测试。
- 熟悉利用 Ipconfig 工具进行测试。

2. 实验性质
验证性实验。

3. 实验器材
计算机（已安装 Windows XP 操作系统）。

3.2 实 验 导 读

目前使用的 Windows 2000/XP 都自带了大量的测试程序，如果能够掌握这些工具的功能，并熟练使用，将会帮助大家更好地使用和管理网络。

1. 使用 Ping 工具进行测试
Ping 无疑是网络中使用最频繁的小工具，主要用于测定网络的连通性。Ping 程序使用 ICMP 协议简单地发送一个网络包并请求应答，接收请求的目的主机再次使用 ICMP 发回同其接收的数据一样的数据，于是 Ping 便可对每一个包的发送和接收报告往返时间，并报告无响应包的百分比，这在确定网络是否正确连接以及网络连接的状况（包丢失率）时十分有用。Ping 是 Windows 操作系统集成的 TCP/IP 应用程序之一，可在"开始"菜单的"运行"中直接执行。

（1）Ping 工具的命令格式和参数说明。Ping 命令格式为

ping [-t] [-a] [-n count] [-l length] [-f] [-i ttl] [-v tos] [-r count] [-w timeout] [destination-list]

主要参数说明如下。

-t：Ping 指定的计算机直到中断。

-a：将地址解析为计算机名。

-n count：发送 count 指定的 ECHO 数据包数，默认值为 4。

－l length：发送包含由 length 指定数据量的 ECHO 数据包，默认值为 32 字节，最大值是 65 527。

－f：在数据包中发送"不要分段"标志，数据包就不会被路由上的网关分段。

－i ttl：将"生存时间"字段设置为 ttl 指定的值。

－v tos：将"服务类型"字段设置为 tos 指定的值。

－r count：在"记录路由"字段中记录传出和返回数据包的路由，count 可以指定最少 1 台、最多 9 台计算机。

－w timeout：指定超时间隔，单位为毫秒。

destination－list：指定要 Ping 的远程计算机。

（2）用 Ping 工具测试本台计算机上 TCP/IP 的配置工作情况。方法是 Ping 本机的 IP 地址。例如，Ping 192.168.1.3，如果本机的 TCP/IP 工作正常，则会出现如图 3-1 所示的信息。

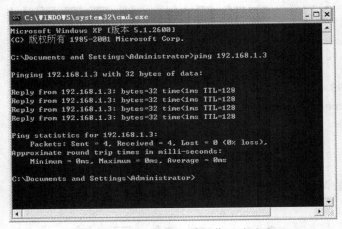

图 3-1　本机 TCP/IP 正常工作显示画面

以上返回了 4 个测试数据包（Reply from …）。其中，bytes＝32 表示测试中发送的数据包大小是 32 字节，time＜1ms 表示数据包在本机与对方主机之间往返一次所用的时间小于 1ms，TTL=128 表示当前测试使用的 TTL（Time to Live）值为 128（系统默认值）。

若本机的 TCP/IP 设置错误，则返回如图 3-2 所示的响应失败信息。

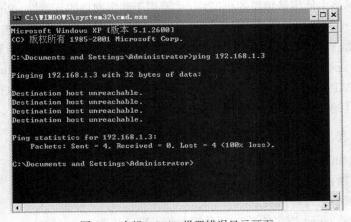

图 3-2　本机 TCP/IP 设置错误显示画面

此时需要对本机的 TCP/IP 进行检查：主要是看是否分配 IP 地址，是否将 TCP/IP 与网卡进行绑定，另外网卡的安装也必须要进行检查。

（3）常见的出错信息。Ping 命令的出错信息通常分为 4 种情况。

① Unknown host（不知名主机），表示该远程主机的名字不能被命名服务器转换成 IP 地址。原因可能是命名服务器有故障，或者其名字不正确，或者网络管理员系统与远程主机的通信线路有故障。例如：

```
C:\WINDOWS>ping www.cctv.com.cn
Unknown host www.cctv.com.cn
```

② Network unreachable（网络不能到达），表示本地系统没有到达远程系统的路由，可用 netstart –rm 检查路由表来确定路由配置情况。

③ No answer（无响应），表示远程系统没有响应。说明本地系统有一条到达远程主机的路由，但却接收不到发给该远程主机的任何分组报文。故障原因可能是远程主机没有工作，或者本地或远程主机的网络配置不正确，或者本地或远程的路由器没有工作、通信线路有故障、远程主机存在路由选择问题等。

④ Timed out（超时），表示与远程主机的连接超时，数据包全部丢失。故障原因可能是到路由器的连接问题，也可能是远程主机已经停机。

（4）用 Ping 工具测试其他计算机上 TCP/IP 的工作情况。在确保本机网卡和网络连接正常的情况下，可以使用 Ping 命令测试其他计算机上 TCP/IP 的工作情况，即实现网络的远程测试。其方法是在本机操作系统的 DOS 提示符下 Ping 对方的 IP 地址，如 Ping 202.192.0.1。对测试结果的分析可以参见前面介绍的 Ping 本机 IP 地址时的情况。

（5）用 Ping 工具测试与远程计算机的连接情况。Ping 工具不仅在局域网中得到广泛应用，在 Internet 中也经常用来探测网络的远程连接情况。在平时的网络使用中如果遇到以下两种情况，就需要用到 Ping 工具对网络的连通性进行测试。

① 网页无法打开时。当某一网站的网页无法访问时，可使用 Ping 命令进行检测。例如，无法访问央视网站的网页时，可使用"Ping www.cctv.com.cn"命令进行测试，如果返回类似于"Pinging.cctv.com.cn [202.198.0.17] with 32 bytes of data:…"的信息，说明对方主机已经打开；否则，可能网络连接在某个环节出现了故障，或对方的主机没有打开。

② 发送 E-mail 之前进行连接性测试。在发送 E-mail 之前先测试网络的连通性。许多 Internet 用户在发送 E-mail 后经常收到诸如"Returned mail:User unknown"的信息，说明邮件未发送到目的地。为了避免此类事件的发生，可以在发送 E-mail 之前先 Ping 对方的邮件服务器地址。例如，向 zhouge@sina.com.cn 发邮件时，可先输入"Ping sina.com.cn"进行测试，如果返回类似于"Bad IP address sina.com.cn"或"Request times out"的信息，则说明对方的主机未打开或网络未连通。这时即使将邮件发出去，对方也无法收到。

2. 用 Ipconfig 工具进行测试

利用 Ipconfig 工具可以查看和修改网络中 TCP/IP 的有关配置，如 IP 地址、网关、子网掩码等，只是 Ipconfig 并非采用图形界面显示，而是以 DOS 的字符形式显示的。

在 Windows NT/2000/XP 中只能通过运行 DOS 方式下的 Ipconfig 工具来查看和修改 TCP/IP 的相关配置信息。

Ipconfig 工具的使用：Ipconfig 也是内置于 Windows 的 TCP/IP 应用程序之一，用于显示本地计算机的 IP 地址配置信息和网卡的 MAC 地址。

① 运行 Ipconfig 命令。运行 Ipconfig 命令，可显示本地计算机（即运行该程序的计算机）所有网卡的 IP 地址配置，从而便于校验 IP 地址设置是否正确。运行 Ipconfig 命令后的显示结果如图 3-3 所示，从中可以看到主机名（Host Name）、DNS 服务器地址（DNS Servers）等信息。

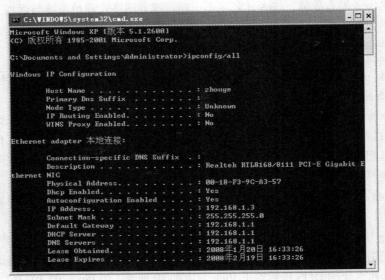

图 3-3　本地计算机配置信息显示界面

② Ipconfig 命令详解。Ipconfig 命令显示所有当前的 TCP/IP 网络配置值。该命令允许用户决定 DHCP（动态 IP 地址配置协议）配置的 TCP/IP 配置值。

Ipconfig [/all][/renew [adapter]] [/release [adapter]]的参数介绍如下。

/all：产生完整显示。在没有该开关的情况下，运行 Ipconfig 只显示 IP 地址、子网掩码和每个网卡的默认网关值。

/renew [adapter]：更新 DHCP 配置参数。该选项只在运行有 DHCP 客户端服务的系统上可用。要指定适配器名称，可输入使用不带参数的 Ipconfig 命令显示的适配器名称。

/release [adapter]：发布当前的 DHCP 配置。该选项禁用本地系统上的 TCP/IP，并只在 DHCP 客户端上可用。要指定适配器名称，可输入使用不带参数的 Ipconfig 命令显示的适配器名称。

如果没有参数，Ipconfig 将向用户提供所有当前的 TCP/IP 配置值，包括 IP 地址和子网掩码。该应用程序在运行 DHCP 的系统上特别有用，允许用户决定由 DHCP 配置的值。

Ipconfig 是一个非常有用的工具，尤其当网络设置为 DHCP 时，利用 Ipconfig 可让用户很方便地了解到 IP 地址的实际配置情况。如果在 IP 地址为 192.168.1.3 的计算机上运行"Ipconfig /all/bach wq.txt"，则运行结果可以保存在 wq.txt 文件（该文件名自定）中。打开该文本文件将会显示相关的结果。

3. 使用网络路由跟踪工具 Tracert 进行测试

网络路由跟踪程序 Tracert 是一款基于 TCP/IP 的网络测试工具，利用该工具可以查看从本地主机到目标主机所经过的全部路由。无论在局域网还是在广域网（Internet）中，通过 Tracert 所显示的信息既可以掌握一个数据包从本地计算机到达目标计算机所经过的路由，还可以了解网络堵塞发生在哪个环节，为网络管理和系统性能分析及优化提供依据。

（1）跟踪路由。如果要跟踪某一台网上计算机到校园网服务器之间所经过的路由，可以直接在操作系统的 DOS 操作符下输入命令（假设网关地址为 221.178.23.45）。例如，输入"Tracert 221.178.23.45"命令，将显示如下信息。

```
Tracing route to WEB [221.178.23.45]
Over a maximum of 30 hops:
1    1ms        <13ms        <13ms        Admin [221.178.23.45]
2    1ms        1ms          1ms          WEB [221.178.23.45]
Trace complete.
```

从以上信息可以看出，这条线路中总共经过了两个路由器，通过查看每个路由的延时长短就可判断每一段网络连接的质量。

（2）Tracert 命令详解。

Tracert 的命令格式为：

```
Tracert [-d] [-h maximum_hops] [-w timeout] [target_name]
```

主要参数说明如下。

-d：指定不将地址解析为计算机名。

-h maximum_hops：指定搜索目标的最大跃点数。

-w timeout：每次应答等待 timeout 指定的微秒数。

target_name：目标计算机的名称。

（3）Tracert 命令在局域网互联中的应用。在同一个局域网中发生故障时，可通过前面所讲的 Ping 命令来检测，但在跨网段或多个局域网互联的网络中，如果要精确地定位网络中的故障点，Ping 就有些无能为力了，这时可以使用 Tracert 工具。

当两个网络中的用户无法进行互访时，有时很难确定到底是哪个局域网中的路由服务出现了错误，利用 Tracert 工具可以方便地判断故障究竟出在什么地方。在其中的一个客户机上先跟踪检测本局域网服务器的主机名，比如在局域网 1 中输入命令"Tracert pc1"，如果返回正确的信息，则说明本局域网内部的连接没有问题，然后再跟踪检测对方服务器的主机名。在局域网 1 中的用户输入命令"Tracert admin"检测对方服务器，如果返回出错信息，则说明故障点要么出现在对方的局域网中，要么出现在连接两个局域网的线路或设备中。

3.3　实验内容及作业

（1）用 Ping 工具测试本机 TCP/IP 的工作情况，记录下相关信息。

（2）使用 Ipconfig 工具测试本机 TCP/IP 网络配置，记录下相关信息。

（3）使用 Tracert 工具测试本机到 www.sohu.com 服务器所经过的路由数，记录下相关信息。

4.1　实验目的、性质及器材

1．实验目的
- 掌握网络适配器、协议和服务等网络组件的安装配置，构建一个小型对等网。
- 掌握共享资源的设置使用。

2．实验性质

设计性实验。

3．实验器材

计算机（已安装 Windows XP 操作系统）、网络适配器、双绞线等。

4.2　实　验　导　读

1．对等网概述

对等网也称为工作组网，在对等网中没有"域"，只有"工作组"，正因如此，在具体的网络配置中没有域的配置，而需要配置工作组。很显然，"工作组"的概念远没有"域"那么广，所以对等网所能容纳的用户数也是非常有限的。一般情况下，在对等网中的计算机数量不会超过 20台，因此对等网相对比较简单。

在对等网中，各台计算机的功能是相同的，无主从之分。网络中的任意一台计算机既可以作为网络服务器为其他计算机提供资源，也可以作为工作站分享其他服务器的资源，还可以同时兼作服务器和工作站。对等网除了共享文件之外，还可以共享打印机，连网打印机可被网络上的任一节点使用，如同使用本地打印机一样方便。由于对等网不需要专门的服务器来做网络支持，也不需要其他组件来提高网络的性能，因而对等网的价格要便宜得多。

2．对等网的特点

对等网主要有如下特点。

（1）网络用户较少，一般在 20 台计算机以内，适用于人员少、网络较多的中小企业。

（2）网络用户都处于同一区域中。

（3）对于网络来说，网络安全不是最重要的问题。

对等网的主要优点是网络成本低、配置和维护简单。缺点也相当明显，主要是网络性能较低、数据保密性差、文件管理分散、计算机资源占用大。

4.3 实验内容

组建一个小型对等网，必须要对连网的每台计算机进行以下一系列操作。

1. 安装网卡及驱动程序

（1）自动安装网卡驱动。将网卡插入主板上相应的扩展插槽中（如 PCI 插槽），开启计算机，如果网卡是即插即用的，则系统会自动找到，按照提示操作系统会自动完成网卡驱动程序的安装。

（2）手动安装网卡驱动。如果网卡不是即插即用的，则在计算机启动完成后可按照以下步骤来完成网卡驱动程序的安装。

① 单击"开始"按钮，选择"控制面板"选项，打开"控制面板"窗口，如图 4-1 所示。

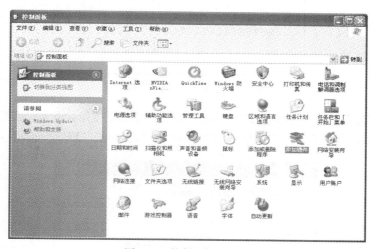

图 4-1 "控制面板"窗口

② 双击"添加硬件"图标，打开"添加硬件向导"对话框，如图 4-2 所示。

③ 根据系统提示，完成每一步操作后单击"下一步"按钮即可完成网卡驱动程序的手动安装。

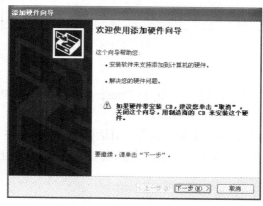

图 4-2 "添加硬件向导"对话框

2. 添加网络通信协议和服务

① 在"网上邻居"图标上右击，选择"属性"选项，打开"网络连接"对话框。

② 在"本地连接"图标上右击，选择"属性"选项，打开"本地连接 属性"对话框，如图 4-3 所示。

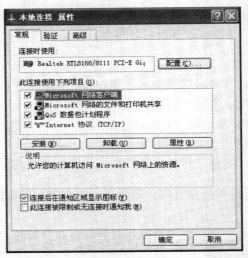

图 4-3 "本地连接 属性"对话框

③ 单击"安装"按钮，选择"协议"选项，单击"添加"按钮，进入"选择网络协议"对话框，如图 4-4 所示。选中要添加的协议（如 **IPX/SPX**）后，单击"确定"按钮。

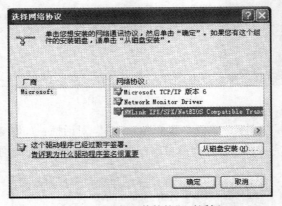

图 4-4 "选择网络协议"对话框

3. 配置 TCP/IP

① 在"本地连接 属性"对话框中，选中"Internet 协议（TCP/IP）"复选项，单击"属性"按钮。

② 在打开的"Internet 协议（TCP/IP）属性"对话框中，分别选中"使用下面的 IP 地址"和"使用下面的 DNS 服务器地址"单选项，然后分别设置本机的 IP 地址、子网掩码、默认网关和 DNS 服务器，如图 4-5 所示。

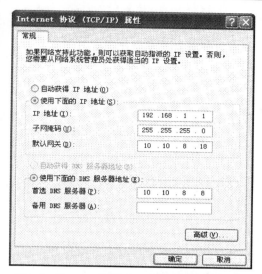

图 4-5　"Internet 协议（TCP/IP）属性"对话框

③ 单击"确定"按钮退出。

对等网中，每台主机的 IP 地址不能重复，网关地址和 DNS 服务器地址可以不设。

4. 配置计算机名和工作组

① 在桌面上右击"我的电脑"图标，选择"属性"选项，在打开的"系统属性"对话框中选择"计算机名"选项卡，如图 4-6 所示。

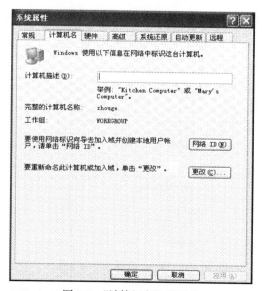

图 4-6　"计算机名"选项卡

② 单击"更改"按钮，打开"计算机名称更改"对话框，如图 4-7 所示。将连网的每台计算机名分别设置为"S1"、"S2"、……工作组统一设置为"WORKGROUP"。

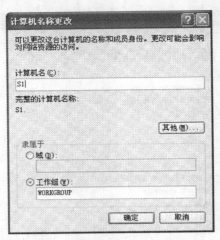

图 4-7 "计算机名称更改"对话框

③ 单击"确定"按钮，重新启动计算机。

④ 设置完成后，双击桌面上的"网上邻居"图标，如果在同一工作组中就可以发现网络中的其他计算机，说明对等网组建成功。这样就可以进一步在对等网中实现资源共享。

5. 设置资源共享

（1）设置文件夹共享。

① 右击要共享的文件夹，在弹出的快捷菜单中选择"共享和安全"选项，如图 4-8 所示，打开要共享的文件夹的"软件架构属性"对话框。

图 4-8 选择"共享和安全"选项

② 选择"共享"选项卡，选中"在网络上共享这个文件夹"复选项，如图 4-9 所示，最后单击"确定"按钮。

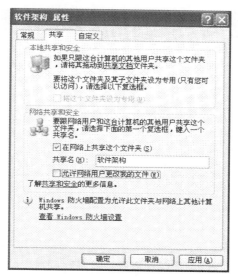

图 4-9　"共享"选项卡

（2）设置打印机共享。

① 若打印机已经连接到了某台计算机上，则在该计算机上进行如下设置。

• 在"控制面板"中双击"打印机和传真"图标，打开"打印机和传真"窗口，如图 4-10 所示。

图 4-10　"打印机和传真"窗口

• 右击要共享的打印机，在弹出的快捷菜单中选择"共享"选项。

• 在打印机"属性"对话框中，选中"共享这台打印机"单选项，如图 4-11 所示。最后单击 "确定"按钮。

② 若计算机中尚未安装打印机，则在该计算机上进行如下设置。

• 在"控制面板"中双击"打印机和传真"图标，打开"打印机和传真"窗口。

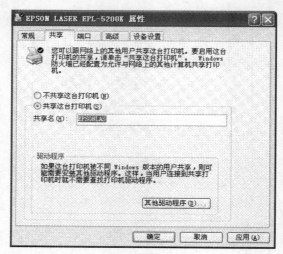

图 4-11　设置共享属性

- 在"打印机任务"一栏中，单击"添加打印机"图标，打开"添加打印机向导"对话框，并单击"下一步"按钮。
- 在对话框中选中"网络打印机或连接到其他计算机的打印机"单选项，单击"下一步"按钮，如图 4-12 所示。然后，根据向导的提示完成共享打印机后面的设置。

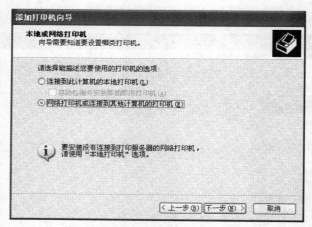

图 4-12　"添加打印机向导"对话框

（3）设置驱动器共享。设置驱动器的共享与设置文件夹的共享方法完全相同。

① 右击要共享的驱动器，在弹出的快捷菜单中选择"共享和安全"选项。

② 在共享属性对话框中选中"在网络上共享这个文件夹"复选项，最后单击"确定"按钮。

4.4　实　验　作　业

（1）利用机房的计算机组建一个简单的对等网。

（2）在对等网上实现文件夹共享和打印机共享。

实验 5
交换机和路由器的基本配置

5.1　实验目的、性质及器材

1. 实验目的
- 掌握交换机和路由器命令行各种操作模式的区别以及模式之间的切换。
- 掌握交换机和路由器的全局基本配置。
- 掌握交换机和路由器端口的常用配置参数。
- 查看交换机和路由器系统和配置信息，掌握当前交换机的工作状态。

2. 实验性质
配置性实验。

3. 实验器材
二层交换机 1 台，路由器 1 台。

5.2　实 验 导 读

1. 交换机基础概念
　　局域网交换机（Switch）是一种工作在数据链路层的网络设备。交换机根据进入端口数据帧中所包含的 MAC 地址，过滤和转发数据帧（Frame）。交换机是基于 MAC 地址识别，完成转发数据帧功能的一种网络连接设备，它作为汇聚中心，可将多台数据终端设备连接在一起，构成星型结构的网络，并且使用交换机组建的局域网，是一个交换式局域网。

2. 局域网交换机的功能
局域网交换机有 3 个基本功能：
（1）建立和维护一个表示 MAC 地址与交换机端口对应关系的交换表；
（2）在发送节点和接收节点之间建立一条虚连接（源端口到目的端口之间的虚连接）；
（3）完成数据帧的转发或过滤。

3. 局域网交换机的工作原理
交换机通过一种自学方法，自动地建立和维护一个记录着目的 MAC 地址与设备端口映射关系的地址查询表。转发帧的具体操作是，在查询保存在交换机高速缓存中的交换表之后，交换机根据表中给出的目的端口号，决定是否转发和往哪里转发。如果数据帧的目的地址和源地址处于交换机的同一个端口，即源端口和目的端口相同，基于某种安全控制，数据帧被拒绝转发，交换机直接将其丢弃。否则按与目的 MAC 地址相符的交换表表项中指出的目的端口号转发该帧。在转发数据帧之前，在源端口和目的端口之间会建立一条虚连接，形成一条专用的传输通道，再利用这条通道将帧从源端口转发到目的端口，完成帧的转发。

4. 路由器的原理与作用

路由器（Router）用于连接多个逻辑上分开的网络，所谓逻辑网络是代表一个单独的网络或者一个子网。当数据从一个子网传输到另一个子网时，可通过路由器来完成。因此，路由器具有判断网络地址和选择路径的功能，它能在多网络互连环境中建立灵活的连接，可用完全不同的数据分组和介质访问方法连接各种子网。路由器只接受源站点或其他路由器的信息，属网络层的一种互连设备。

一般来说，异种网络互连与多个子网互连都应采用路由器来完成。路由器的主要工作就是为经过路由器的每个数据帧寻找一条最佳传输路径，并将该数据有效地传送到目的站点。由此可见，选择最佳路径的策略（即路由算法）是路由器的关键所在。为了完成这项工作，在路由器中保存着各种传输路径的相关数据——路由表（Routing Table），供路由选择时使用。路由表中保存着子网的标志信息、网上路由器的个数和下一个路由器的名字等内容。路由表可以是由系统管理员固定设置好的，也可以由系统动态修改，可以由路由器自动调整，也可以由主机控制。

5. 路由器的功能

（1）在网络间截获发送到远地网段的报文，具有转发的作用。

（2）选择最合理的路由，引导通信。为了实现这一功能，路由器要按照某种路由通信协议查找路由表，路由表列出整个互联网络中包含的各个节点，以及节点间的路径情况和与它们相联系的传输费用。如果到特定的节点有一条以上路径，则基于预先确定的准则选择最优（最经济）路径。由于各种网络段和其相互连接情况可能发生变化，因此路由情况的信息需要及时更新，由所使用的路由信息协议规定的定时更新或者按变化情况更新来完成。网络中的每个路由器按照这一规则动态地更新它所保持的路由表，以便保持有效的路由信息。

（3）路由器在转发报文的过程中，为了便于在网络间传送报文，按照预定的规则把大的数据包分解成适当大小的数据包，到达目的地后再把分解的数据包包装成原有形式。

（4）多协议的路由器可以连接使用不同通信协议的网络段，作为不同通信协议网络段间通信连接的平台。

（5）路由器的主要任务是把通信引导到目的地网络，然后到达特定的节点站地址。后一个功能是通过网络地址分解完成的。例如，把网络地址部分的分配指定成网络、子网和区域的一组节点，其余的用来指明子网中的特别站。分层寻址允许路由器对有很多个节点站的网络存储寻址信息。

6. 交换机及路由器的四种管理方式

（1）使用一个超级终端（或者仿终端软件）连接到交换机的端口（console）上，从而通过超级终端来访问交换机或路由器的命令行端口（CLI）。

使用 Console 端口连接到交换机或路由器，具体步骤如下。

第一步：通过 Console 端口可以搭建本地配置环境。将计算机的端口通过电缆直接同交换机或路由器面板上的 Console 端口连接。

第二步：在计算机上运行终端仿真程序——超级终端建立新连接，选择实际连接时使用计算机上的 RS-232 端口，设置终端通信参数为 9600 波特、8 位数据位、1 位停止位、无校验、流控为 XON/OFF。

第三步：交换机或路由器上电，显示交换机自检信息；自检结束后提示用户键入回车，直至出现命令行提示符"login:"；在提示符下输入 admin，进入配置界面。

（2）使用 Telnet 命令管理交换机或路由器。交换机或路由器启动后，用户可以通过局域网或广域网使用 Telnet 客户端程序建立与交换机的连接并登录到交换机或路由器，然后对交换机或路由器进行配置。Telnet 最多支持 8 个用户同时访问交换机或路由器。

一定保证被管理的交换机或路由器设置了 IP 地址，并保证交换机或路由器与计算机的网络连通正常。

（3）使用支持 SNMP 协议的网络管理软件管理交换机或路由器。通过 SNMP 的网络管理软件管理交换机或路由器，具体步骤如下。

第一步：通过命令行模式进入交换机或路由器配置界面。

第二步：为交换机或路由器配置管理 IP 地址。

第三步：运行网管软件，对设备进行维护管理。

（4）使用 Web 浏览器（如 Internet Explorer）来管理交换机或路由器。如果我们要通过 Web 浏览器管理交换机或路由器，首先要为交换机或路由器配置一个 IP 地址，保证管理 IP 和交换机或路由器能够正常通信。在浏览器地址栏中输入交换机或路由器的 IP 地址，出现一个 Web 页面，我们可对页面中的各项参数进行配置。

5.3 实 验 内 容

1. 交换机常用的四种模式

通过交换机的 Console 端口管理交换机属于带外管理，不占用交换机的网络端口，其特点是需要使用配置线缆，近距离配置。第一次配置交换机时必须利用 Console 端口进行配置。交换机的命令行操作模式主要包括：用户模式、特权模式、全局配置模式、端口模式等几种。

（1）用户模式。进入交换机后得到的第一个操作模式，该模式下可以简单查看交换机的软、硬件版本信息，并进行简单的测试。用户模式提示符为 Switch>。

（2）特权模式。由用户模式进入的下一级模式，该模式下可以对交换机的配置文件进行管理、查看交换机的配置信息、进行网络的测试和调试等。特权模式提示符为 Switch#。

（3）全局配置模式。属于特权模式的下一级模式，该模式下可以配置交换机的全局性参数（如主机名、登录信息等）。在该模式下可以进入下一级的配置模式，对交换机具体的功能进行配置。全局模式提示符为 Switch(config)#。

（4）端口模式。属于全局模式的下一级模式，该模式下可以对交换机的端口进行参数配置。端口模式提示符为 Switch(config-if)#。

Exit 命令用于退回到上一级操作模式。End 命令用于使用户从特权模式以下级别直接返回到特权模式。交换机命令行支持帮助信息的获取、命令的简写、命令的自动补齐、快捷键等功能。

4 种模式的操作如下：

```
Switch>enable                                    /从用户模式进入特权模式；
Switch# configuration terminal                   /从特权模式进入全局配置模式；
Switch(config)# interface fastethernet 0/1       /从全局配置模式进入 F0/1 端口配置模式；
Switch(config-if)#exit                           /从端口模式退出。
```

2. 配置交换机的设备名称和描述信息

Hostname 用于配置交换机的设备名称。当用户登录交换机时，可能需要告诉用户一些必要的信息，可以通过设置标题来达到这个目的。在此可以创建两种类型的标题：每日通知和登录标题。Banner motd 配置交换机每日提示信息（message of the day，motd）。Banner login 配置交换机登录提示信息，位于每日提示信息之后。

```
Switch(config)# hostname switchA      /将交换机的名字命名为 switchA；
Switch(config)# banner motd #hello#   /配置每日提示信息为 hello(以#作为分隔符)；
Switch(config)#exit
Switch#exit                           /返回到用户模式查看配置好的每日提示信息；
hello                                 /返回后出现每日提示信息 hello
Switch>
```

3. 交换机的端口配置

交换机 Fastethernet 端口默认情况下使用 10Mbit/s 或 100Mbit/s 自适应端口，双工模式也为自适应。默认情况下，所有交换机端口均开启。交换机 Fastethernet 端口支持端口速率、双工模式的配置，配置示范如下。

```
Switch(config-if)# speed 10        /将端口的速率设置为10Mbit/s；
Switch(config-if)# speed 100       /将端口的速率设置为100Mbit/s；
Switch(config-if)# speed auto      /将端口的速率设置为自适应模式；
Switch(config-if)#shutdown         /关闭此端口；
Switch(config-if)#no shutdown      /开启此端口；
Switch(config-if)#duplex auto      /设置此端口双工模式为自适应；
Switch(config-if)#duplex full      /设置此端口双工模式为全双工；
Switch(config-if)#duplex falf      /设置此端口双工模式为半双工。
```

4. 查看交换机的系统和配置信息命令

查看交换机的系统和配置信息命令要在特权模式下执行。

Show version 用于查看交换机的版本信息，可以查看到交换机的硬件版本信息和软件版本信息，以之作为交换机操作系统升级时的依据。如图 5-1 所示，交换机为 Cisco 2950，IOS 为 C2950-I6Q4L2-M，版本信息为 Version 12.1（22）EA4。

```
Switch#show version
Cisco Internetwork Operating System Software
IOS (tm) C2950 Software (C2950-I6Q4L2-M), Version 12.1(22)EA4, RELEASE SOFTWARE(
fc1)
Copyright (c) 1986-2005 by cisco Systems, Inc.
Compiled Wed 18-May-05 22:31 by jharirba
Image text-base: 0x80010000, data-base: 0x80562000
```

图 5-1　交换机的版本信息

Show mac-address-table 用于查看交换机当前的 Mac 地址表信息，包括 VLAN、MAC Address、Ports 的对应关系，如图 5-2 所示。

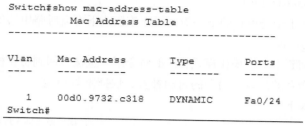

```
Switch#show mac-address-table
         Mac Address Table
-------------------------------------------

Vlan    Mac Address        Type        Ports
----    -----------        --------    -----

  1     00d0.9732.c318     DYNAMIC     Fa0/24
Switch#
```

图 5-2　交换机的 Mac 地址表信息

Show running-config 用于查看交换机当前生效的配置信息。如图 5-3 所示，包括交换机基本信息版本以及所有端口配置等信息，自 F0/5 之后的信息未完全显示，要想完全查看，按空格键即可继续。

```
Switch#show running-config
Building configuration...

Current configuration : 1086 bytes
!
version 12.2
no service timestamps log datetime msec
no service timestamps debug datetime msec
no service password-encryption
!
hostname Switch
!
!
!
interface FastEthernet0/1
!
interface FastEthernet0/2
!
interface FastEthernet0/3
!
interface FastEthernet0/4
!
interface FastEthernet0/5
 --More--
```

图 5-3　交换机当前生效的配置信息

5. 路由器常用的 4 种模式

路由器的管理方式基本分为两种：带内管理和带外管理。通过路由器的 Console 端口管理属于带外管理，不占用路由器的网络端口，但特点是线缆特殊，需要近距离配置。第一次配置路由器时必须利用 Console 进行，使其支持 telnet 远程管理协议。

路由器的命令行操作模式主要包括：用户模式、特权模式、全局配置模式、端口模式等几种。

（1）用户模式。进入路由器后得到的第一个操作模式，该模式下可以简单查看路由器的软、硬件版本信息，并进行简单的测试。用户模式提示符为 Router>。

（2）特权模式。由用户模式进入的下一级模式，该模式下可以对路由器的配置文件进行管理、查看路由器的配置信息、进行网络测试和调试等。特权模式提示符为 Router#。

（3）全局配置模式。属于特权模式的下一级模式，该模式下可以配置路由器的全局性参数（如主机名、登录信息等）。在该模式下可以进入下一级的配置模式，对路由器具体的功能进行配置。全局模式提示符为 Router(config)#。

（4）端口模式。属于全局模式的下一级模式，该模式下可以对路由器的端口进行参数配置。提示符为 Router(config-if)#。

Exit 命令用于退回到上一级操作模式，end 命令用于直接退回到特权模式。路由器命令行支持帮助信息的获取、命令的简写、命令的自动补齐、快捷键等功能。

四种模式的操作如下：

```
Router>enable                              /从用户模式进入特权模式；
Router# configuration terminal             /从特权模式进入全局配置模式；
Router(config)# interface fastethernet 0/1 /从全局配置模式进入 F0/1 端口配置模式；
Router(config-if)#exit                     /从端口模式退出。
```

6. 配置路由器的设备名称和描述信息

必须在全局配置模式下才能配置路由器。Hostname 配置路由器的设备名称（即命令提示符）的前部分信息。

当用户登录路由器时，如需要告诉用户一些必要的信息，可以通过设置标题来达到这个目的。你可以创建两种类型的标题：每日通知和登录标题。

```
Banner motd                                /配置路由器每日提示信息(message of the day,motd)；
Banner login                               /配置路由器远程登录提示信息，位于每日提示信息之后；
Router(config)# hostname switchA           /将路由器的名字命名为 switchA；
Router (config)# banner motd #hello#       /配置每日提示信息为 hello(以#作为分隔符)；
Router (config)#exit
Router #exit                               /返回到用户模式查看配置好的每日提示信息；
hello                                      /返回后出现每日提示信息 hello。
Router >
```

7. 路由器的端口配置

路由器端口 FastEthernet 端口默认情况下使用 10Mbit/s/100Mbit/s 自适应端口，双工模式也为自适应，并且在默认情况下路由器物理端口处于关闭状态。

路由器提供广域网端口（serial 高速同步端口），使用 V.35 线缆连接广域网端口链路。在广域网连接时一端为 DCE（数据通信设备），一端为 DTE（数据终端设备），必须在 DCE 端配置时钟频率（clock rate）才能保证链路的连通。

在路由器的物理端口上可以灵活配置带宽，但最大值为该端口的实际物理带宽。

```
Router(config)#interface serial 2/0        /进入该端口的配置模式；
Router(config-if)#bandwidth 100            /配置该端口带宽为 100Mbit/s；
Switch(config-if)#shutdown                 /关闭此端口；
Switch(config-if)#no shutdown              /开启此端口；
Router(config)#clock rate 64000            /在路由器 DCE 端配置时钟频率。
```

8. 查看路由器系统和配置信息

掌握当前路由器的工作状态。查看路由器的系统和配置信息的命令要在特权模式下执行。

Show version 用于查看路由器的版本信息，可以查看到路由器的硬件版本信息和软件版本信息，如图 5-4 所示，以之作为路由器操作系统升级时的依据。

```
Router#show version
Cisco IOS Software, 2800 Software (C2800NM-ADVIPSERVICESK9-M), Version 12.4(15)T
1, RELEASE SOFTWARE (fc2)
Technical Support: http://www.cisco.com/techsupport
Copyright (c) 1986-2007 by Cisco Systems, Inc.
Compiled Wed 18-Jul-07 06:21 by pt_rel_team

ROM: System Bootstrap, Version 12.1(3r)T2, RELEASE SOFTWARE (fc1)
Copyright (c) 2000 by cisco Systems, Inc.
```

图 5-4　路由器版本信息

Show ip route 用于查看路由表信息，如图 5-5 所示。

```
Router#show ip route
Codes: C - connected, S - static, I - IGRP, R - RIP, M - mobile, B - BGP
       D - EIGRP, EX - EIGRP external, O - OSPF, IA - OSPF inter area
       N1 - OSPF NSSA external type 1, N2 - OSPF NSSA external type 2
       E1 - OSPF external type 1, E2 - OSPF external type 2, E - EGP
       i - IS-IS, L1 - IS-IS level-1, L2 - IS-IS level-2, ia - IS-IS inter area
       * - candidate default, U - per-user static route, o - ODR
       P - periodic downloaded static route

Gateway of last resort is not set

C    192.168.1.0/24 is directly connected, FastEthernet0/0
C    192.168.2.0/24 is directly connected, FastEthernet0/1
S    192.168.3.0/24 [1/0] via 192.168.1.2
```

图 5-5　路由表信息

其中：

C　192.168.1.0/24 is directly connected, FastEthernet0/0 表示直连路由，且该路由器 f0/0 直连的网络地址为 192.168.1.0。

C　192.168.2.0/24 is directly connected, FastEthernet0/1 表示直连路由，且该路由器 f0/1 直连的网络地址为 192.168.2.0。

S　192.168.3.0/24 [1/0] via 192.168.1.2 表示静态路由，且指明了该路由器到目标网络地址为 192.168.3.0 的路径的地址为 192.168.1.2。

Show running-config 用于查看路由器当前生效的配置信息，如图 5-6 所示，包括路由器基本信息版本以及所有端口配置信息等，"--more--"之后的信息未完全显示，若需完全查看，按空格键即可继续。

5.4　实 验 作 业

（1）在交换机的四种配置模式下进行切换。

（2）在路由器的四种配置模式下进行切换。

```
Router#show running-config
Building configuration...

Current configuration : 524 bytes
!
version 12.4
no service timestamps log datetime msec
no service timestamps debug datetime msec
no service password-encryption
!
hostname Router
!
interface FastEthernet0/0
 ip address 192.168.1.1 255.255.255.0
 duplex auto
 speed auto
!
interface FastEthernet0/1
 ip address 192.168.2.1 255.255.255.0
 duplex auto
 speed auto
!
interface Vlan1
 no ip address
 shutdown
!
ip classless
ip route 192.168.3.0 255.255.255.0 192.168.1.2
 --More--
```

图 5-6　路由器当前生效的配置信息

实验 6
交换机 VLAN 技术的配置

6.1　实验目的、性质及器材

1.　实验目的
- 掌握 Port Vlan 的配置。
- 掌握同交换机划分 VLAN 的方法。
- 理解跨交换机之间 VLAN 的特点。
- 掌握跨交换机划分 VLAN 的方法及网络构造。

2.　实验性质
配置性实验。

3.　实验器材
二层交换机 2 台，计算机 3 台。

6.2　实　验　导　读

1.　VLAN 的概念
　　VLAN（Virtual Local Area Network，虚拟局域网）是指在一个物理网段内进行逻辑划分，划分成的若干个虚拟局域网。VLAN 最大的特性是不受物理位置的限制，可以进行灵活的划分。VLAN 具备了一个物理网段所具备的特性。相同 VLAN 内的主机可以互相直接访问，不同 VLAN 间的主机之间互相访问必须经路由设备进行转发。广播数据包只可以在本 VLAN 内进行传播，不能传输到其他 VLAN 中。同一个 VLAN 中的所有成员共同拥有一个 VLAN 地址，组成一个虚拟局域网络；同一个 VLAN 中的成员均能收到其他成员发来的广播包，但收不到其他 VLAN 中发来的广播包；不同 VLAN 成员之间不可直接通信，需要路由支持，而同一 VLAN 中的成员通过 VLAN 交换机可以直接通信，不需路由支持。

2.　Port Vlan
　　将 VLAN 交换机上的物理端口和 VLAN 交换机内部的 PVC（永久虚电路）端口分成若干组，每组构成一个虚拟网，相当于一个独立的 VLAN 交换机。这种按网络端口来划分 VLAN 成员的配置过程简单明了，因此，它是最常用的一种方式。其主要缺点在于不允许用户移动，一旦用户移动到一个新的位置，网络管理员必须配置新的 VLAN。

Port Vlan 是实现 VLAN 的方式之一，利用交换机的端口进行 VLAN 的划分，一个端口只能属于一个 VLAN。

交换机所有的端口在默认情况下属于 ACCESS 端口，可直接将端口加入某一 VLAN。利用 switchport mode access/trunk 命令可以更改端口的 VLAN 模式。

VLAN1 属于系统默认的 VLAN，不可以被删除。

删除某个 VLAN，使用 no 命令。例如：switch(config)#no vlan 10。

删除当前某个 VLAN 时，注意先将属于该 VLAN 的端口加入其他的 VLAN，再删除该 VLAN。

3. Tag Vlan

Tag Vlan 是基于交换机端口的另外一种类型，主要用于实现跨交换机的相同 VLAN 内主机之间可以直接访问，同时对于不同 VLAN 的主机进行隔离。Tag Vlan 遵循 IEEE802.1q 协议的标准。在利用配置了 Tag Vlan 的端口进行数据传输时，需要在数据帧内添加 4 个字节的 802.1q 标签信息，用于标识该数据帧属于哪个 VLAN，以便对端交换机接收到数据帧后进行准确的过滤。

当 VLAN 交换机从工作站接收到数据后，会对数据的部分内容进行检查，并与一个 VLAN 配置数据库（该数据库含有静态配置的或者动态学习而得到的 MAC 地址等信息）中的内容进行比较后，确定数据去向。如果数据要发往一个 VLAN 设备（VLAN-aware），一个标记（Tag）或者 VLAN 标识就被加到这个数据上，根据 VLAN 标识和目的地址，VLAN 交换机就可以将该数据转发到同一 VLAN 上适当的目的地；如果数据发往非 VLAN 设备（VLAN-unaware），则 VLAN 交换机发送不带 VLAN 标识的数据。

两台交换机之间相连的端口应该设置为 Tag Vlan 模式。Trunk 端口在默认情况下支持所有 VLAN 的传输。

6.3 实 验 内 容

1. 交换机端口隔离

假设交换机是宽带小区城域网中的 1 台楼道交换机，住户 PC1 连接在交换机的 0/5 端口；住户 PC2 连接在交换机的 0/15 端口，现要实现各家各户的端口隔离，如图 6-1 所示。

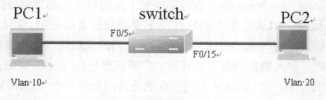

图 6-1　端口隔离拓扑图

（1）按照图 6-1 进行网络的连接。使用直通双绞线将交换机的 F0/5 端口与 PC1 的网络端口进行连接，交换机的 F0/15 端口与 PC2 的网络端口进行连接。

（2）进入交换机的配置界面，对交换机命名。

```
Switch(config)# hostname Switch
```

（3）新建两个 VLAN（VLAN10 和 VLAN20）。

```
Switch（config）# vlan 10
Switch（config）# vlan 20
```

可通过指令 Switch（config）#show vlan 查看新建 vlan 的信息。

（4）进入 Switch 相应端口的端口配置模式，建立端口与 VLAN 的对应关系。

```
Switch（config）# interface fastEthernet 0/5          /进入 F0/5 端口模式；
Switch（config-if）# switchport access vlan 10         /将 F0/5 划入 VLAN10；
Switch（config）# end
Switch（config）# interface fastEthernet 0/15         /进入 F0/15 端口模式；
Switch（config-if）# switchport access vlan 20        /将 F0/15 划入 VLAN20；
通过指令 Switch（config）#show vlan                    /查看端口与 vlan 的对应关系。
```

（5）验证结果。

以使用软件 Cisco Packet Tracer 为例，进入计算机 IP 地址配置界面，分别配置两台计算机的 IP 地址（假如使用 C 类 IP 地址），界面如图 6-2、图 6-3 所示。

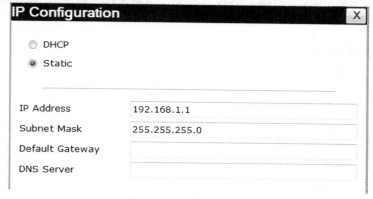

图 6-2　PC1 的配置界面

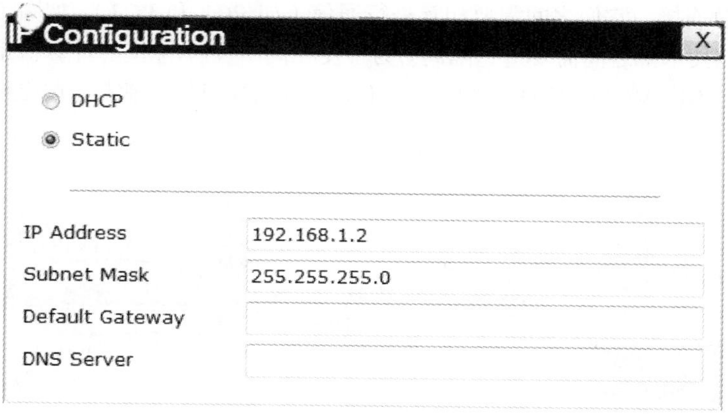

图 6-3　PC2 的配置界面

PC1：IP 地址为 192.168.1.1　子网掩码为 255.255.255.0

PC2：IP 地址为 192.168.1.2　子网掩码为 255.255.255.0

测试两台计算机的连通性：在 PC1 的 DOS 模式下输入 ping 192.168.1.2 或在 PC2 的 DOS 模式下输入 ping 192.168.1.1。

若结果显示超时，如图 6-4 所示，则证明两台 PC 无法通信，已成功实现交换机端口隔离功能。

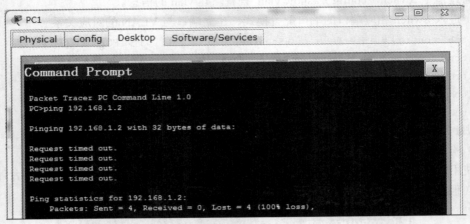

图 6-4　测试 PC1 与 PC2 的连通性

2. 交换机端口隔离参考配置

```
switch#show running-config
    Building configuration... Current configuration : 162 bytes   version 1.0
    hostname Switch
    interface fastEthernet 0/5
    switchport access vlan 10
    interface fastEthernet 0/15
    switchport access vlan 20
    end
```

3. 跨交换机实现 VLAN

假设某企业有两个主要部门：销售部（VLAN10）和技术部（VLAN20），其中销售部门的个人计算机系统分散连接，它们之间需要相互进行通信（如 PC1 和 PC3），如图 6-5 所示。为了数据安全，销售部和技术部之间需要进行隔离。为了使在同一 VLAN 里的计算机系统能跨交换机进行相互通信，而在不同 VLAN 里的计算机系统不能进行相互通信，现需要在交换机上进行配置来实现。

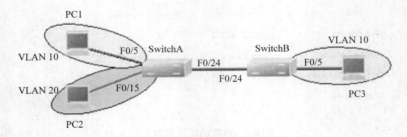

图 6-5　跨交换机实现 VLAN 拓扑图

（1）按照图 6-5 进行网络的连接。

① 使用直通双绞线将交换机 SwitchA 的 F0/5 端口与 PC1 的网络端口进行连接，F0/15 端口与 PC2 的网络端口进行连接。

② 使用直通双绞线将交换机 SwitchB 的 F0/5 端口与 PC3 的网络端口进行连接。

③ 使用直通双绞线将交换机 SwitchA 的 F0/24 端口与 SwitchB 的 F0/24 端口进行连接。

（2）进入交换机的配置界面，分别对交换机命名。

```
Switch（config）# hostname SwitchA
Switch（config）# hostname SwitchB
```

（3）在 SwitchA 中新建两个 VLAN（VLAN10 和 VLAN20）。

```
SwitchA（config）# VLAN 10
SwitchA（config）# VLAN 20
```

（4）在 SwitchB 中新建 1 个 VLAN（VLAN10）。

```
SwitchB（config）# VLAN 10
```

可通过指令 switch（config）#show vlan 查看新建 VLAN 的信息。

（5）进入 SwitchA 相应端口的端口配置模式，建立端口与 VLAN 的对应关系。

```
SwitchA（config）# interface fastEthernet 0/5          /进入 F0/5 端口模式；
SwitchA（config-if）# switchport access vlan 10         /将 F0/5 划入 VLAN10；
SwitchA（config）# end
SwitchA（config）# interface fastEthernet 0/15         /进入 F0/15 端口模式；
SwitchA（config-if）# switchport access vlan 20        /将 F0/15 划入 VLAN20；
```

通过指令 switch（config）#show vlan 查看端口与 VLAN 的对应关系。

（6）进入 SwitchB 相应端口的端口配置模式，建立端口与 VLAN 的对应关系。

```
SwitchB（config）# interface fastEthernet 0/5          /进入 F0/5 端口模式；
SwitchB（config-if）# switchport access vlan 10         /将 F0/5 划入 VLAN10；
```

（7）配置 Tag Vlan，需要分别将两台交换机连接的端口配置成 Trunk 模式。

```
SwitchA（config）# interface fastEthernet 0/24     /进入 F0/24 端口模式；
SwitchA（config-if）# switchport mode trunk       /将 F0/24 设为 TRUNK 模式，支持 TAG VLAN；
SwitchB（config）# interface fastEthernet 0/24     /进入 F0/24 端口模式；
SwitchB（config-if）# switchport mode trunk       /将 F0/24 设为 TRUNK 模式，支持 TAG VLAN。
```

（8）验证结果。进入计算机 IP 地址配置界面，分别配置 3 台计算机 PC1、PC2、PC3 的 IP 地址（假如使用 C 类 IP 地址），界面分别如图 6-6、图 6-7、图 6-8 所示。

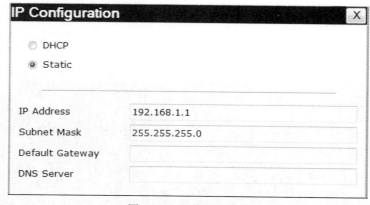

图 6-6　PC1 的配置界面

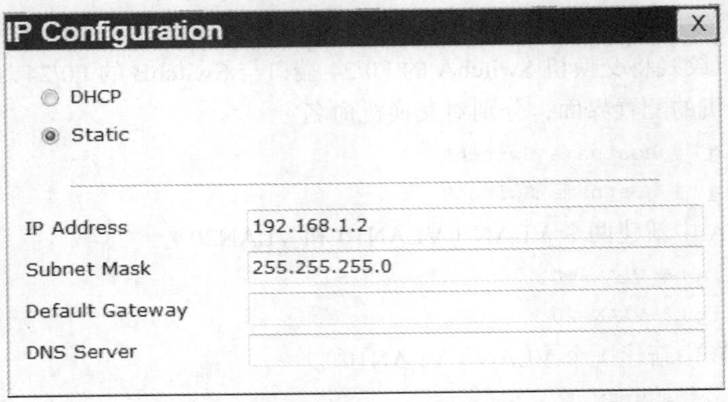

IP Configuration

○ DHCP

◉ Static

IP Address   192.168.1.2

Subnet Mask 255.255.255.0

Default Gateway

DNS Server

图 6-7 PC2 的配置界面

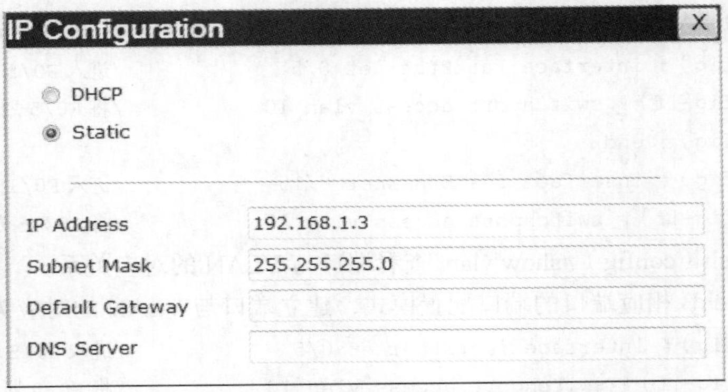

IP Configuration

○ DHCP

◉ Static

IP Address   192.168.1.3

Subnet Mask 255.255.255.0

Default Gateway

DNS Server

图 6-8 PC3 的配置界面

PC1: IP 地址为 192.168.1.1 子网掩码为 255.255.255.0

PC2: IP 地址为 192.168.1.2 子网掩码为 255.255.255.0

PC3: IP 地址为 192.168.1.3 子网掩码为 255.255.255.0

分别验证 PC1 与 PC2、PC1 与 PC3、PC2 与 PC3 两两之间的连通性：在 PC1 的 DOS 模式下输入 ping 192.168.1.2，在 PC1 的 DOS 模式下输入 ping 192.168.1.3，在 PC2 的 DOS 模式下输入 ping 192.168.1.3。若配置正确，则 PC1 与 PC2 连接超时，如图 6-9 所示；PC1 与 PC3 能够通信，如图 6-10 所示；PC2 与 PC3 连接超时，如图 6-11 所示。

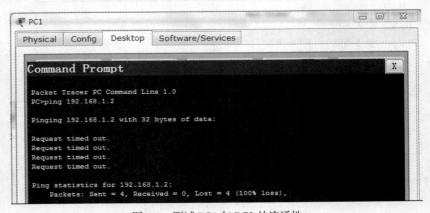

图 6-9 测试 PC1 与 PC2 的连通性

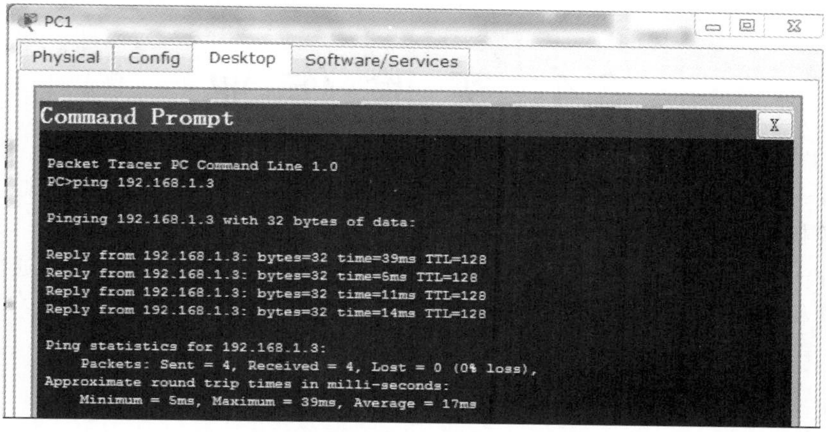

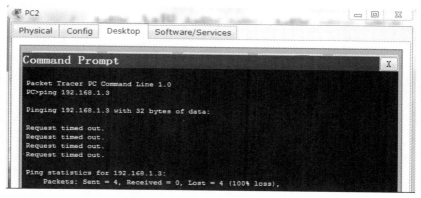

图 6-10 测试 PC1 与 PC3 的连通性

图 6-11 测试 PC2 与 PC3 的连通性

　　结果证实通过跨交换机的 VLAN 技术，使在同一 VLAN 里的计算机系统能跨交换机进行相互通信，而在不同 VLAN 里的计算机系统不能进行相互通信。

4. 跨交换机实现 VLAN 参考配置

```
SwitchA#show running-config                    /显示交换机 SwitchA 的全部配置;
  Building configuration... Current configuration : 284 bytes version 1.0
  hostname SwitchA vlan 1
  vlan 10                                      /创建 VLAN10;
  vlan 20                                      /创建 VLAN20;
interface fastEthernet 0/5  switchport access vlan 10    /将 F0/5 加入 VLAN10;
interface fastEthernet 0/15 switchport access vlan 20    /将 F0/15 加入 VLAN20;
interface fastEthernet 0/24  switchport mode trunk  /将 F0/24 设为 TRUNK 模式, 支持 TAG VLAN;
  end
SwitchB#show running-config                    /显示交换机 SwitchB 的全部配置;
Building configuration... Current configuration : 284 bytes version 1.0
  hostname SwitchB vlan 1
  vlan 10                                      /创建 VLAN10;
  interface fastEthernet 0/5  switchport access vlan 10   /将 F0/5 加入 VLAN10;
interface fastEthernet 0/24  switchport mode trunk    /将 F0/24 设为 TRUNK 模式, 支持 TAG VLAN。
  end
```

6.4　实　验　作　业

（1）设计一个单交换机的网络，使用相应配置让处于同一 VLAN 的计算机能通信，处于不同 VLAN 的计算机不能通信。

（2）设计一个多交换机的网络，使用相应配置让处于同一 VLAN 的计算机能通信，处于不同 VLAN 的计算机不能通信。

实验 7
路由器基本配置及静态路由

7.1 实验目的、性质及器材

1. 实验目的

- 掌握路由器各级命令行模式的配置。
- 掌握路由器的基本配置。
- 掌握通过静态路由方式实现网络的连通性。

2. 实验性质

验证性实验。

3. 实验器材

思科路由器 Cisco1841 两台、计算机（已安装 Cisco Packet Tracer 网络模拟器）两台。

7.2 实 验 导 读

路由器（Router）又称网关设备（Gateway），用于连接多个逻辑上分开的网络，而逻辑网络代表一个单独的网络或者一个子网。当数据从一个子网传输到另一个子网时，可通过路由器的路由功能来完成。因此，路由器具有判断网络地址和选择 IP 路径的功能，它能在多网络互连环境中，建立灵活的连接，可用完全不同的数据分组和介质访问方法连接各种子网。路由器只接受源站或其他路由器的信息，属网络层的一种互连设备。

1. 路由器的基本配置

路由器的基本配置包含路由器的口令配置、登录提示文字配置、设备名称配置及各种检查 show 命令的输出配置。

（1）路由器的口令配置主要针对以下 3 种口令。

① 使能加密口令。该口令主要针对登录路由器的用户设定，具体配置步骤如下。

```
Router (config)#enable password password        /使能加密口令为明文;
Router (config)#enable secret password          /使能加密口令为暗码。
```

② 控制台口令。该口令主要针对通过 Console 端口对路由器进行带外管理的用户设定，具体配置步骤如下。

```
Router（config）#line  console  0          /进入路由器 console 端口配置模式；
Router（config）#password  password        /配置控制台口令。
Router（config）#login
```

③ 远程登录口令。该口令主要针对通过 telnet 对路由器实现远程登录访问的用户设定，具体配置步骤如下。

```
Router（config）#line  vty  0  4            /进入路由器 telnet 端口配置模式；
Router（config）#password  password        /配置远程登录口令。
Router（config）#login
```

（2）登录提示文字配置。当用户登录路由器时，如需要告诉用户一些必要的信息，可以通过设置标题来达到这个目的。可以创建两种类型的标题：每日通知和登录标题。

Banner motd 配置路由器每日提示信息（message of the day，motd）。

Banner login 配置路由器远程登录提示信息，位于每日提示信息之后。

具体配置步骤如下。

```
Router（config）#banner  motd  #  message  #
Router（config）#banner  login  #  message  #
```

（3）设备名称配置。配置路由器的设备名称（即命令提示符）的前部分信息，方便网络管理员对设备进行访问和管理。具体配置步骤如下。

```
Router（config）#hostname  name
```

（4）各种检查 show 命令的输出配置。这类命令用于查看路由器系统和配置信息，以便掌握当前路由器的工作状态。

查看路由器的系统和配置信息命令要在特权模式下执行。

Show version 用于查看路由器的版本信息，可以查看到交换机的硬件版本信息和软件版本信息，以之作为交换机操作系统升级时的依据。

Show ip route 用于查看路由表信息。

Show running-config 用于查看路由器当前生效的配置信息。

2. 静态路由的配置

路由器属于网络层设备，能够根据 IP 包头的信息，以便选择一条最佳路径，将数据包转发出去，实现不同网段的主机之间的互相访问。路由器是根据路由表进行选路和转发的。路由表由一条条的路由信息组成，产生方式一般有以下 3 种。

（1）直连路由。给路由器端口配置一个 IP 地址，路由器自动产生本端口 IP 所在网段的路由信息。

（2）静态路由。在拓扑结构简单的网络中，网管员通过手工的方式配置本路由器未知网段的路由信息，从而实现不同网段之间的连接。

（3）动态路由协议学习产生的路由。在大规模的网络或网络拓扑相对复杂的情况下，通过在路由器上运行动态路由协议，可以使路由器之间互相自动学习从而产生路由信息。

普通路由器和主机直连时，需要使用交叉线，R1762 的以太网端口支持 MDI/MDIX，使用直连线也可以连通。

如果两台路由器通过端口直接相连，则必须在其中一端设置时钟频率（DCE）。

7.3　实　验　内　容

1. 查看实验拓扑图及网络编址表

（1）本实验网络拓扑图如图 7-1 所示。

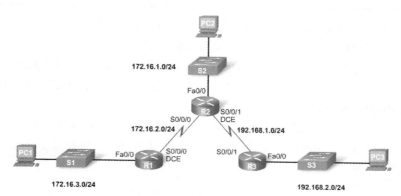

图 7-1　网络拓扑图

假设 R1 是某高校校园网内部路由器，负责内部校园网和外部网络的交互。与之相连接的 R2 是网络供应商提供的数据交互路由器。R3 是另外一所高校的路由器，同样承载着连接内部校园网和外部网络的功能。

（2）本实验网络编址表如表 7-1 所示。

表 7-1　　　　　　　　　　　　静态路由实验网络编址表

Device	Interface	IP Address	Subnet Mask	Default Gateway
R1	Fa0/0	172.16.3.1	255.255.255.0	N/A
	S0/0/0	172.16.2.1	255.255.255.0	N/A
R2	Fa0/0	172.16.1.1	255.255.255.0	N/A
	S0/0/0	172.16.2.2	255.255.255.0	N/A
	S0/0/1	192.168.1.2	255.255.255.0	N/A
R3	Fa0/0	192.168.2.1	255.255.255.0	N/A
	S0/0/1	192.168.1.1	255.255.255.0	N/A
PC1	NIC	172.16.3.10	255.255.255.0	172.16.3.1
PC2	NIC	172.16.1.10	255.255.255.0	172.16.1.1
PC3	NIC	192.168.2.10	255.255.255.0	192.168.2.1

根据实验背景描述，明确本次实验需要实现以下目标：通过在 R1、R2 和 R3 上分别配置静态路由来实现 PC1、PC2 和 PC3 之间的相互通信。

2. 静态路由配置规则及原理

（1）静态路由配置规则。

配置指令：ip　route

配置规则：Router（config）#ip　route　network-address　subnet-mask　{ip-address ‖ exit-interface}

各配置参数含义如表 7-2 所示。

表 7-2　　　　　　　　　　　　　　　　　配置参数含义表

参　　数	描　　述
network-address	要加入路由表的远程目的网络的地址
subnet-mask	要加入路由表的远程网络的子网掩码
ip-address	一般指下一跳路由器的 IP 地址
exit-interface	将数据包转发到目的网络时使用的输出端口

（2）静态路由配置原理。静态路由配置的原理主要有以下 3 条。

① 每台路由器根据其自身路由表中的信息独立做出决策。

② 一台路由器的路由表中包含某些信息并不表示其他路由器也包含相同的信息。

③ 有关两个网络之间路径的路由信息并不能提供反向路径（即返回路径）的路由信息。

3．静态路由具体配置过程

（1）路由器 R1 的配置。从拓扑图中可以看出，R1 分别连接到 R2 和 R3 所在的局域网，网段分别为 172.16.1.0/24 和 192.168.2.0/24。根据静态路由配置规则，具体配置指令如下：

```
R1(config)#ip route 172.16.1.0 255.255.255.0 172.16.2.2
R1(config)#ip route 192.168.1.0 255.255.255.0 172.16.2.2
R1(config)#ip route 192.168.2.0 255.255.255.0 172.16.2.2
```

由于 R1 到达 R3 所在局域网经过了两台路由器，所以需要配置两条不同的静态路由来完善 R1 到达 R3 的路由表信息。

（2）路由器 R2 的配置。从拓扑图中可以看出，R2 分别与 R1 和 R3 相连，R1 和 R3 所处的网段分别为 172.16.3.0/24 和 192.168.2.0/24。根据静态路由配置规则，具体配置指令如下：

```
R2(config)#ip route 172.16.3.0 255.255.255.0 172.16.2.1
R2(config)#ip route 192.168.2.0 255.255.255.0 192.168.1.1
```

（3）路由器 R3 的配置。从拓扑图中可以看出，R3 分别连接到 R1 和 R2 所在的局域网，网段分别为 172.16.3.0/24 和 172.16.1.0/24。这两个网段都属于 B 类网段，并且前 16 位二进制编码相同，也就是说这两个网段的网络位是相同的，因此可以采取汇总静态路由的形式来进行静态路由的配置，因为汇总静态路由能够将多条路由化为一条路由，这样可大大减小路由表的长度。

R3 的汇总静态路由信息如图 7-2 所示。

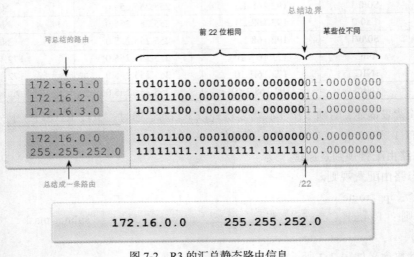

图 7-2　R3 的汇总静态路由信息

根据汇总静态路由信息，R3 的静态路由配置指令如下：

```
R3(config)#ip route 172.16.0.0 255.255.255.0 Serial0/0/1
```

值得一提的是，因为采用的是汇总静态路由，所以在指令的最后需要加入 exit-interface，即将数据包转发到目的网络时使用的输出端口，而不是 ip-address（下一跳路由器的 IP 地址）。

4. 实验结果的验证

经过对 R1、R2 和 R3 的静态路由进行配置后，还需要通过测试计算机的连通性来进行验证。在 3 台计算机之间相互使用 ping 指令，通过响应时间验证配置步骤和配置指令是否有误。最终的验证结果如图 7-3 所示（以 PC1 为例）。

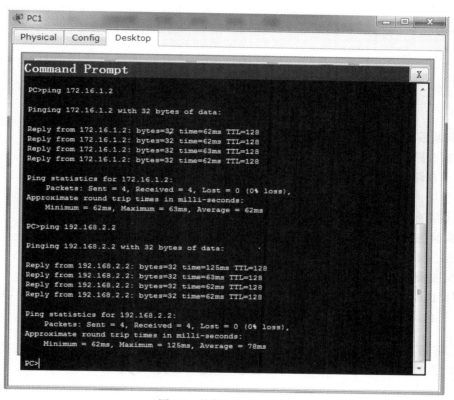

图 7-3　静态路由配置验证

7.4　实　验　作　业

（1）完成 R1、R2 和 R3 的口令配置。

（2）根据网络编址表完成所有设备及端口的 IP 地址及子网掩码配置。

（3）完成 R1、R2 和 R3 的静态路由配置。

（4）尝试对 R1 的静态路由信息进行汇总。

実験 **8**

路由器动态路由协议的配置

8.1　实验目的、性质及器材

1. 实验目的
- 掌握在路由器上配置 RIP 协议的方法。
- 掌握在路由器上配置 OSPF 单区域的方法。
- 掌握路由器连接网络架构及动态 RIP 路由的配置方法。
- 掌握路由器连接网络架构及动态 OSPF 路由的配置方法。

2. 实验性质
验证性实验。

3. 实验器材
思科路由器 Cisco1841 三台、思科三层交换机三台、计算机（已安装 Cisco Packet Tracer 网络模拟器）三台。

8.2　实 验 导 读

在大规模的网络或网络拓扑相对复杂的情况下，通过在路由器上运行动态路由协议，可以使路由器之间互相自动学习从而产生路由信息。目前主流的动态路由协议有 RIP 协议（分为 RIP v1 和 RIP v2 两个版本）、OSPF 单区域路由协议以及思科私有的动态路由协议 EIGRP 协议等。

1. RIP 协议

RIP（Routing Information Protocols，路由信息协议）是应用较早、使用较普遍的 IGP（Interior Gateway Protocol，内部网关协议），适用于小型同类网络，是典型的距离矢量（distance-vector）协议。通常将 RIP 协议的跳数作为衡量路径开销的标准，RIP 协议里规定最大跳数为 15。

RIP 协议有两个版本 RIP v1 和 RIP v2。

RIP v1 属于有类路由协议，不支持 VLSM（变长子网掩码），以广播形式进行路由信息更新，更新周期为 30s。

RIP v2 属于无类路由协议，支持 VLSM（变长子网掩码），以组播形式进行路由信息更新，组播地址是 224.0.0.9。RIP v2 还支持基于端口的认证，可提高网络的安全性。

2. 配置 RIP 协议时应注意的问题

在配置 RIP 协议时，有以下问题需要注意。

（1）在端口上配置时钟频率时，一定要在电缆 DCE 端的路由器上配置，否则链路不通。

（2）No auto-summary 功能只有 RIP v2 支持，交换机没有 no auto-summary 命令。

（3）主机网关一定要指向直连端口 IP 地址，即主机网关指向与之直连的三层交换机端口所处的 VLAN 的 IP 地址。

3. OSPF 协议

OSPF（Open Shortest Path First，开放式最短路径优先）协议，是目前网络中应用最广泛的路由协议之一，属于内部网关路由协议，能够适应各种规模的网络环境，是典型的链路状态（link-state）协议。OSPF 路由协议通过向全网扩散本设备的链路状态信息，使网络中每台设备最终同步一个具有全网链路状态的数据库（LSDB），然后路由器采用 SPF 算法，以自己为根，计算到达其他网络的最短路径，最终形成全网路由信息。OSPF 属于无类路由协议，支持 VLSM（变长子网掩码）。OSPF 是以组播的形式进行链路状态的通告的。

在大模型的网络环境中，OSPF 支持区域划分，将网络进行合理规划。划分区域时必须存在 area0（骨干区域），其他区域和骨干区域直接相连或通过虚链路方式连接。

4. 配置 OSPF 协议时应注意的问题

在配置 OSPF 协议时，有以下问题需要注意。

（1）实现网络的互连互通，从而实现信息的共享和传递。

（2）在端口上配置时钟频率时，一定要在电缆 DCE 端的路由器上配置，否则链路不通。

（3）在申明直连网段时，注意要写该网段的反掩码。

（4）在申明直连网段时，必须指明该网段所属的区域。

8.3　实　验　内　容

1. 查看实验拓扑图及网络编址表

（1）本实验网络拓扑图如图 8-1 所示。

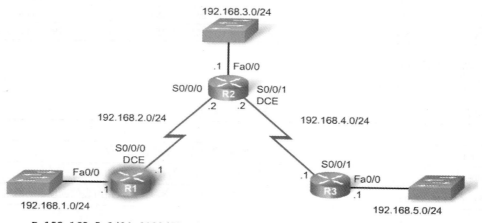

```
R 192.168.5.0/24 [120/2] via 192.168.2.2, 00:00:23, Serial 0/0/0
```

图 8-1　动态路由实验网络拓扑图

假设路由器 R2 位于某企业在北京的总部，R1 和 R3 分别是其位于上海和成都的分公司。R1、R2 和 R3 之间通过网络供应商提供的 VPN 进行连接。

根据实验背景描述，可以明确本次实验需要实现以下目标：通过在 R1、R2 和 R3 上分别配置动态路由协议来实现 PC1、PC2 和 PC3 之间的相互通信。

在 R1 中输入 show ip route 指令后，会出现图 8-1 最下方所示的一段文字，此段文字的解释如图 8-2 所示。

输出	说明
R	标识路由来源为 RIP。
192.168.5.0	指明远程网络的地址。
/24	指明远程网络的子网掩码
[120/2]	指明管理距离 (120) 和度量（2 跳）
via 192.168.2.2	指定下一跳路由器 (R2) 的地址以便向远程网络发送数据
00:00:23	指定路由上次更新以来经过的时间量（此处为 23 秒），下一次更新应该在 7 秒后开始
Serial0/0/0	指定能够到达远程网络的本地接口

图 8-2　show ip route 命令的解释

（2）本实验网络编址表如表 8-1 所示。

表 8-1　　　　　　　　　　　　　　动态路由实验网络编址表

Device	Interface	IP Address	Subnet Mask	Default Gateway
R1	Fa0/0	192.168.1.1	255.255.255.0	N/A
	S0/0/0	192.168.2.1	255.255.255.0	N/A
R2	Fa0/0	192.168.3.1	255.255.255.0	N/A
	S0/0/0	192.168.2.2	255.255.255.0	N/A
	S0/0/1	192.168.4.2	255.255.255.0	N/A
R3	Fa0/0	192.168.5.1	255.255.255.0	N/A
	S0/0/1	192.168.4.1	255.255.255.0	N/A
PC1	NIC	192.168.1.10	255.255.255.0	192.168.1.1
PC2	NIC	192.168.3.10	255.255.255.0	192.168.3.1
PC3	NIC	192.168.5.10	255.255.255.0	192.168.5.1

2. 动态路由 RIP 配置规则

配置指令如表 8-2 所示。

表 8-2　　　　　　　　　　　　　　配置指令表

指　令	含　义
router rip	在路由器上启动 RIP 路由协议
no auto-summary	关闭路由协议的自动汇总功能
network network-address	需要路由器自主学习并加入路由表的远程目的网络的地址

RIP 命令集如表 8-3 所示。

表 8-3 　　　　　　　　　　　　　　RIP 命令集

命　　　　令	作　　　　用
R(config)#router　rip	启动 RIP 路由协议
R(config-router)#network　network-address	指定路由器上哪些端口将启用 RIP
R#debug　ip　rip	用于实时查看路由更新
R(config-router)#passive-interface　fa0/0	防止此端口发布更新
R(config-router)#default-information　originate	发布默认路由
R#show　ip　protocols	显示计时器信息

3. 动态路由协议 RIP 具体配置过程

（1）路由器 R1 的配置。从拓扑图可以看出，与 R1 相连接的网络一共有两个，分别为 192.168.1.0/24 和 192.168.2.0/24 网段。根据动态路由 RIP 的配置规则，首先需要在路由器 R1 上开启动态路由 RIP，然后将需要 R1 自主学习的两个网络加入到 R1 的路由表中。主要配置步骤如下。

① R1(config)#router　rip 　　　　　　/开启路由器的动态路由 RIP；
② R1(config-router)#network　192.168.1.0 　/指定网络 192.168.1.0/24 需要 R1 自主学习并将其加入 R1 的路由表中；
③ R1(config-router)#network　192.168.2.0 　/指定网络 192.168.2.0/24 需要 R1 自主学习并将其加入 R1 的路由表中；
④ R1(config-router)#no　auto-summary 　　/关闭 R1 的路由协议自动汇总功能。

（2）路由器 R2 的配置。从拓扑图可以看出，与 R2 相连接的网络一共有 3 个，分别为 192.168.2.0/24、192.168.3.0/24 和 192.168.4.0/24 网段。根据动态路由 RIP 协议的配置规则，首先需要在路由器 R2 上开启动态路由 RIP 协议，然后将需要 R2 自主学习的 3 个网络加入到 R2 的路由表中。主要配置步骤如下。

① R2(config)#router　rip 　　　　　　/开启路由器的动态路由 RIP；
② R2(config-router)#network　192.168.2.0 　/指定网络 192.168.2.0/24 需要 R2 自主学习并将其加入 R2 的路由表中；
③ R2(config-router)#network　192.168.3.0 　/指定网络 192.168.3.0/24 需要 R2 自主学习并将其加入 R2 的路由表中；
④ R2(config-router)#network　192.168.4.0 　/指定网络 192.168.4.0/24 需要 R2 自主学习并将其加入 R2 的路由表中；
⑤ R2(config-router)#no　auto-summary 　　/关闭 R2 的路由协议自动汇总功能。

（3）路由器 R3 的配置。同理，可以从拓扑图上得出与 R3 相连接的网络一共有两个，分别是 192.168.4.0/24 和 192.168.5.0/24 网段。根据动态路由 RIP 协议的配置规则，首先需要在路由器 R3 上开启动态路由 RIP 协议，然后将需要 R3 自主学习的 3 个网络加入到 R3 的路由表中。主要配置步骤如下。

① R3(config)#router　rip 　　　　　　/开启路由器的动态路由 RIP；
② R3(config-router)#network　192.168.4.0 　/指定网络 192.168.4.0/24 需要 R3 自主学习并将其加入 R3 的路由表中；

③ R3(config-router)#network　192.168.5.0 　　/指定网络 192.168.5.0/24 需要 R3 自主学习并将

其加入 R3 的路由表中；

④ R3(config-router)#no　auto-summary 　　　/关闭 R3 的路由协议自动汇总功能。

通过对 R1、R2 和 R3 的动态路由 RIP 的配置，使得这 3 台路由器都可以自主学习与之相连接的 5 个网段的路由信息，从而保障北京总公司与上海、成都分公司的网络互通。当然，以上的配置均为主要配置，在具体实验中还需要对计算机、网络设备各端口的 IP 地址进行配置，甚至需要对路由器进行口令等常规配置，从而保证网络的安全性。

4.　实验结果的验证

完成对 R1、R2 和 R3 的动态路由配置后，还需要通过测试计算机的连通性来进行验证。在 3 台计算机之间相互使用 ping 指令，通过响应时间验证配置步骤和配置指令是否有误。最终的验证结果如图 8-3 所示（以 PC1 为例）。

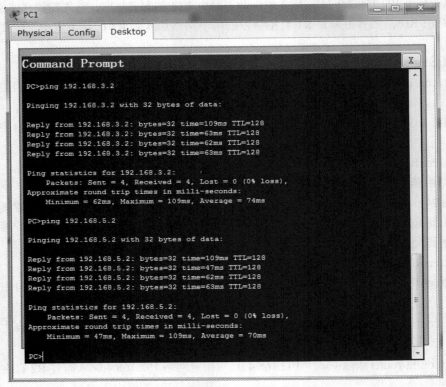

图 8-3　动态路由协议 RIP 配置验证图

8.4　实 验 作 业

（1）完成对 R1、R2 和 R3 的口令配置。

（2）根据网络编址表完成所有设备及端口的 IP 地址及子网掩码配置。

（3）根据如图 8-4 所示的拓扑图完成所有路由器动态路由 RIP 的配置，并验证连通性。

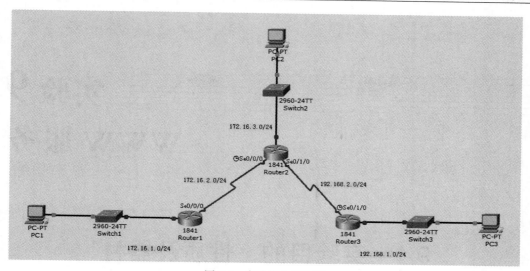

图 8-4　实验作业拓扑图

9.1 实验目的、性质及器材

1. 实验目的

- 通过使用 WWW 服务，充分了解与 WWW 相关的概念和协议，如 HTTP、URL 等。
- 熟练使用 WWW 浏览器，并掌握 WWW 的浏览技巧。

2. 实验性质

验证性实验。

3. 实验器材

连接 Internet 的计算机（已安装 Windows XP 操作系统和 IE 10.0）。

9.2 实 验 导 读

WWW 的简称是 Web，也称为"万维网"，是一个在 Internet 上运行的全球性的分布式信息系统。WWW 是目前 Internet 上最方便和最受欢迎的信息服务系统，其影响力已远远超出了专业技术范畴，并且已经进入广告、新闻、销售、电子商务与信息服务等各个行业。WWW 把 Internet 上不同地点的相关数据信息有机地组织起来，可以看新闻、炒股票、在线聊天、玩游戏和进行查询检索等。

在 WWW 系统中，需要有一系列的协议和标准来完成复杂的任务，这些协议和标准就称为 Web 协议集，其中一个重要的协议集就是 HTTP。HTTP 负责用户与服务器之间的超文本数据传输，是 TCP/IP 簇中的应用层协议，建立在 TCP 之上，其面向对象的特点和丰富的操作功能可以满足分布式系统和多种类型信息处理的要求。

在 Internet 中有众多的 WWW 服务器，每台服务器中又包含很多的网页，这时就需要一个统一资源定位器（URL）。URL 的构成如下。

信息服务方式://信息资源的地址/文件路径

例如，电子科技大学 WWW 服务器的 URL 为"http://www.uestc.edu.cn/index.htm"。其中，"http"指出要使用 HTTP，"www.uestc.edu.cn"指出要访问的服务器的主机名，"index.htm"指出要访问的主页的路径及文件名。

9.3 实 验 内 容

（1）熟悉 IE10.0 浏览器的界面、菜单功能、工具栏中各按钮的功能以及新增功能。

（2）使用 IE10.0 浏览器保存网页中的各种信息，包括文字、图像、音频和视频数据等。

（3）使用一种支持断点续传、多线程的下载工具软件，如 FlashGet（快车）、迅雷、电驴等，下载 WWW 上的资源。

（4）使用浏览器的收藏夹、历史记录、分类查询、组合查询等功能实现对 Internet 资源的高效浏览。

9.4 实 验 作 业

（1）使用 IE10.0 浏览器浏览新浪网站（www.sina.com.cn），并选择一篇新闻网页保存到本地计算机硬盘上。

（2）使用 FlashGet 下载工具下载一首 MP3 格式的音乐，保存到本地计算机硬盘上。

（3）使用 IE10.0 浏览器的收藏夹功能收藏网页，并清除最近浏览的历史记录。

10.1　实验目的、性质及器材

1. 实验目的

- 了解电子邮件常用的协议。
- 掌握申请免费 E-mail 地址的方法。
- 掌握 Outlook Express 常用的设置方法。
- 掌握如何利用 Outlook Express 进行邮件的撰写、发送和接收。

2. 实验性质

验证性实验。

3. 实验器材

连接 Internet 的计算机（已安装 Microsoft Office Outlook）、Internet 中有效的电子邮箱。

10.2　实 验 导 读

对于大多数用户而言，E-mail 是 Internet 上使用频率最高的服务系统之一。与传统的邮政邮件相比，电子邮件的突出优点是方便、快捷和廉价。收发电子邮件无需纸笔、不上邮局、不贴邮票，坐在家里即可完成，前提条件是用户必须知道收件人的电子邮箱地址。发送一封到美国、欧洲的电子邮件只需几秒到几分钟，费用只是发送邮件所用的上网费用，比发送本地的普通邮件还便宜。电子邮件无论将发送到何处，费用比传统邮件都低得多，并且速度快得多。虽然其实时性不及电话，但信件送达收件人信箱后，收件人可随时上网收取，无需收件人同时开机守候，这一点又比普通电话优越。这些突出的优点使其成为一种快捷而廉价的信息交流方式，极大地方便了人们的生活和工作，成为最广泛使用的电子通信方式之一。E-mail 改变了许多企业做生意的方式，也改变了成千上万人购物和从事金融活动的方式，还成为远隔千里的家人之间经常保持联系的最佳途径之一。

1. 电子邮件的地址格式

电子邮件服务器其实就是一个电子邮局，全天候开机运行着电子邮件服务程序，并为每一个用户开辟一个电子邮箱，用以存放任何时候从世界各地寄给该用户的邮件，等候用户任何时刻上网索取。用户在自己的计算机上运行电子邮件客户程序，如 Microsoft Outlook Express、FoxMail 等，用以发送、接收和阅读邮件。

要发送电子邮件，必须知道收件人的 E-mail 地址（电子邮件地址），即收件人的电子邮件信箱所在。这个地址是由 ISP 向用户提供的，或者是 Internet 上的其他某些站点向用户免费提供的。但不同于传统的信箱，这个地址是一个"虚拟信箱"，即 ISP 邮件服务器硬盘上的一个存储空间。在日益发展的信息社会，E-mail 地址的作用越来越重要，并逐渐成为一个人的电子身份，如今许多人都在名片上赫然印上 E-mail 地址。报刊、杂志、电视台等单位也经常提供 E-mail 地址以方便用户联系。

E-mail 标准地址格式为：

用户名@电子邮件服务器域名

例如，zhou-ge@163.com。

其中，用户名由英文字符组成，不分大小写，用于鉴别用户身份，又称为注册名，但不一定是用户的真实姓名。不过在确定自己的名字时，不妨起一个自己好记、又不容易与他人重名的名字。@的含义和读音与英文介词 at 相同，是"位于"之意。电子邮件服务器域名是用户的电子邮件信箱所在的电子邮件服务器的域名，在邮件地址中不分大小写。整个 E-mail 地址的含义是"在某电子邮件服务器上的某人"。

2. 常用的电子邮件协议

常见的电子邮件协议有 SMTP（简单邮件传输协议）、POP3（邮局协议）、IMAP（Internet 邮件访问协议）。这几种协议都是由 TCP/IP 簇定义的。

（1）SMTP（Simple Mail Transfer Protocol）。即简单邮件传输协议，主要负责底层的邮件系统如何将邮件从一台机器传至另外一台机器。

（2）POP（Post Office Protocol）。即邮局协议，目前的版本为 POP3，是把邮件从电子邮箱中传送到本地计算机的协议。

（3）IMAP（Internet Message Access Protocol）。即 Internet 邮件访问协议，目前版本是 IMAP4，是 POP3 的一种替代协议，提供邮件检索和邮件处理的新功能，用户不必下载邮件正本就可以看到邮件的标题摘要，从邮件客户端软件就可以对服务器上的邮件和文件夹目录等进行操作。IMAP 增强了电子邮件的灵活性，同时也减少了垃圾邮件对本地系统的直接危害，相对节省了用户查看电子邮件的时间。除此之外，IMAP 协议可以记忆用户在脱机状态下对邮件的操作（如移动邮件、删除邮件等），在下一次网络连接的时候会自动执行。

10.3　实　验　内　容

1. 申请免费的 E-mail

① 进入提供免费邮箱的网站。例如，在 IE 浏览器地址栏中输入"www.163.com"，进入网易网站。

② 通过免费邮箱连接进入到免费邮箱申请页面，如图 10-1 所示。

③ 根据提示填写个人申请信息，如用户名、密码等，如图 10-2 所示。

④ 申请成功，出现"注册成功"的提示界面，如图 10-3 所示。

⑤ 利用申请的用户账号和密码登录邮箱，如图 10-4 所示。

图 10-1　网易免费邮箱申请页面

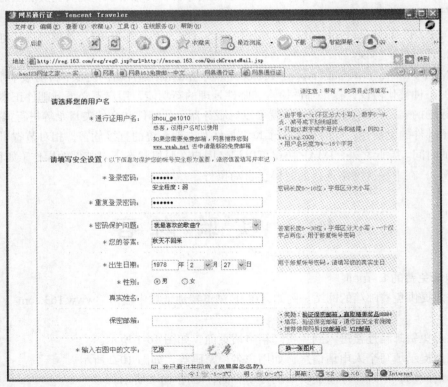

图 10-2　免费邮箱注册界面

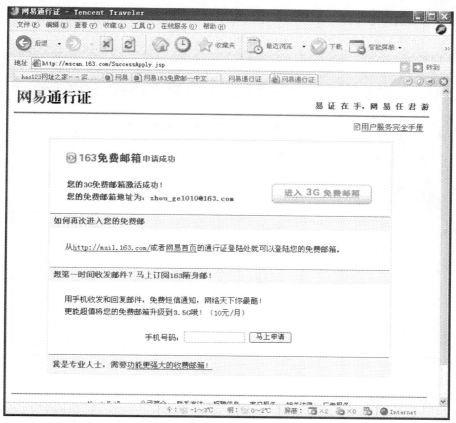

图 10-3　免费邮箱注册成功提示界面

图 10-4　登录免费邮箱

2. 设置 Outlook 邮件账号

① 打开 Outlook Express 软件，在"工具"菜单中选择"电子邮件账户"选项，打开"电子邮件账户"对话框，选中"添加新电子邮件账户"单选项，单击"下一步"按钮，如图 10-5 所示。

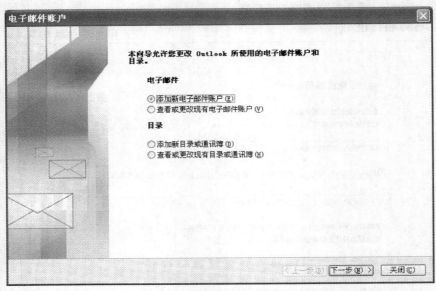

图 10-5　"电子邮件账户"对话框

② 在"服务器类型"界面中选中"POP3"单选项，如图 10-6 所示。

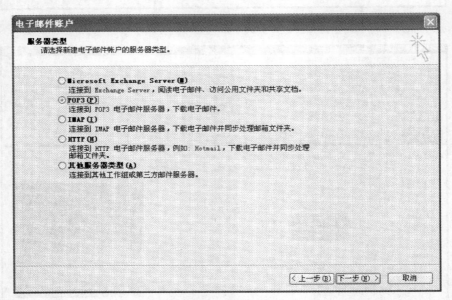

图 10-6　设置电子邮件服务器类型

③ 单击"下一步"按钮，在"Internet 电子邮件设置（POP3）"界面中输入如图 10-7 所示的用户信息、登录信息和服务器信息。

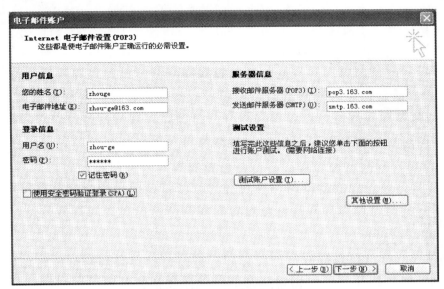

图 10-7　Internet 电子邮件设置

　　接收邮件服务器地址（POP3），可设置为：pop3.163.com；发送邮件服务器地址（SMTP），可设置为：smtp.163.com；"用户名"就是用户免费邮件地址"@"前面的部分，如 "zhou-ge"；"密码"就是用户注册免费电子邮件时所设置的登录密码，不要选中"使用安全密码验证登录"复选项。

　　④ 单击"其他设置"按钮，打开"Internet 电子邮件设置"对话框，选择"发送服务器"选项卡，选中"我的发送服务器（SMTP）要求验证"复选项，如图 10-8 所示。此项必须选择，否则无法正常发送邮件，单击"确定"按钮，返回"电子邮件账户"对话框，再单击"下一步"按钮。

图 10-8　"发送服务器"选项卡

　　⑤ 单击"完成"按钮保存设置，如图 10-9 所示。

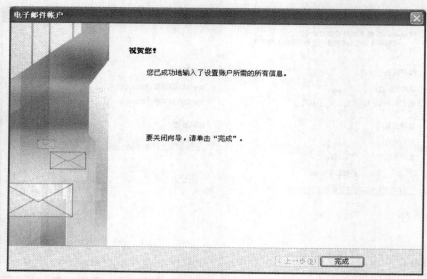

图 10-9　完成电子邮件账户设置

3. 电子邮件的撰写、发送和接收

（1）撰写和发送邮件。

① 运行 Microsoft Outlook 软件，打开如图 10-10 所示的窗口。单击工具栏中的"新建"按钮，打开建立新邮件窗口，如图 10-11 所示。

在出现的对话框中填写"收件人"邮件地址；"抄送"栏中可以不填，也可以填上自己的地址以验证邮箱是否可以接收邮件；还要填写这封信的主题，以便收信人能快速了解信件的内容；信的正文撰写在最下面的文本框处。

② 写好信后，单击工具栏上的"发送"按钮便可发送邮件。

（2）接收邮件。单击如图 10-10 所示工具栏上的"发送/接收"按钮可以接收邮件。

（3）阅读邮件。选择如图 10-10 所示左栏"个人文件夹"中的"收件箱"选项，在窗口右边就可以看到邮箱中的邮件，刚收到的邮件都以粗体显示，标识出这封信还没有阅读，单击即可看到信件的内容。

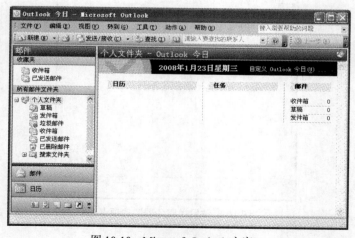

图 10-10　Microsoft Outlook 主窗口

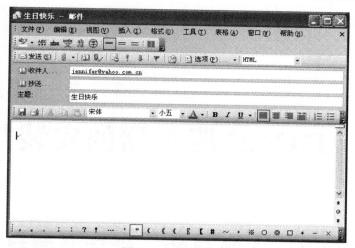

图 10-11　建立新邮件

10.4　实　验　作　业

（1）在网易网站上申请一个免费的 E-mail 地址。

（2）利用 Outlook Express 撰写一封邮件，并将该邮件发送到其他 E-mail 地址中。

实验 11
DHCP 服务器的安装与配置

11.1　实验目的、性质及器材

1.　实验目的
- 掌握 DHCP 服务在网络管理中的作用。
- 掌握在 Windows Server 2003/2008 上安装 DHCP 服务器并启动服务的方法。
- 掌握 DHCP 服务器与 DHCP 客户端的配置。

2.　实验性质
验证性实验。

3.　实验器材
计算机（已安装 Windows Server 2003/2008 操作系统）。

11.2　实　验　导　读

1.　DHCP 概述
　　在使用 TCP/IP 的网络上，每一台计算机都拥有唯一的计算机名和 IP 地址。IP 地址及其子网掩码主要用于鉴别所连接的主机和子网，当用户将计算机从一个子网移动到另一个子网时，一定要改变该计算机的 IP 地址。如果采用静态 IP 地址的分配方法将增加网络管理员的负担，而 DHCP 可以让用户将服务器中的 IP 地址动态地分配给局域网中的客户机，而不必由管理员为网络中的计算机一一分配，从而减轻网络管理员的负担。

　　DHCP 是一个简化的主机 IP 地址分配管理 TCP/IP 协议，用户可以利用 DHCP 服务器管理动态的 IP 地址分配及其他相关的环境配置工作（如 DNS、WINS、Gateway 等的设置）。

　　在使用 DHCP 时，整个网络至少要有一台服务器安装了 DHCP 服务，将其他要使用该功能的工作站设置成利用 DHCP 获得 IP 地址。使用 DHCP 可以有效地避免手工设置 IP 地址及子网掩码所产生的错误，同时也避免了把一个 IP 地址分配给多台工作站所造成的地址冲突，从而降低了管理 IP 地址设置的负担。

2.　DHCP 的常用术语
　　（1）作用域：一个网络中所有可分配的 IP 地址的连续范围。作用域主要用来定义网络中单一物理子网的 IP 地址范围，是服务器用来管理分配给网络客户的 IP 地址的主要手段。

（2）超级作用域：一组作用域的集合，能用来实现同一个物理子网中包含多个逻辑 IP 子网的情况。在超级作用域中只包含一个成员作用域或子作用域的列表，然而超级作用域并不用于设置具体的范围，子作用域的各种属性需要单独设置。

（3）排除范围：不用于分配的 IP 地址序列，保证在这个序列中的 IP 地址不会被 DHCP 服务器分配给客户机。

（4）地址池：在用户定义了 DHCP 范围及排除范围后，剩余的地址就成了一个地址池，地址池中的地址可以动态地分配给网络中的客户机使用。

（5）租约：DHCP 服务器指定的时间长度，在这个时间范围内客户机可以使用所获得的 IP 地址。当客户机获得 IP 地址时租约被激活，租约到期前需要更新租约。

（6）保留地址：用户可以利用保留地址创建一个永久的地址租约。保留地址保证子网中指定的硬件设备始终使用同一个 IP 地址。

（7）选项类型：DHCP 服务器给 DHCP 服务工作站分配服务租约时分配的其他客户配置参数。经常使用的选项包括默认网关的 IP 地址、WINS 服务器及 DNS 服务器，一般在 DHCP 服务器为客户分配 IP 时被激活。DHCP 管理器允许设置应用于服务器上所有范围的默认选项。大多数选项都是通过 RFC 2132 预先设定的，但用户可以根据需要利用 DHCP 管理器定义及添加自定义选项类型。

（8）选项类：服务器进一步分级管理提供给客户的选项类型的一种手段。在服务器上添加一个选项类后，该选项类的客户可以在配置时使用特殊的选项类型。

11.3　实　验　内　容

1. 安装 DHCP 服务器

① 进入"控制面板"，打开"添加或删除程序"窗口，如图 11-1 所示。

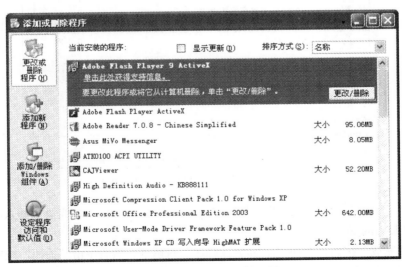

图 11-1　"添加或删除程序"窗口

② 单击"添加/删除 Windows 组件"按钮,打开"Windows 组件向导"对话框,在组件列表中选中"网络服务"复选项,如图 11-2 所示。

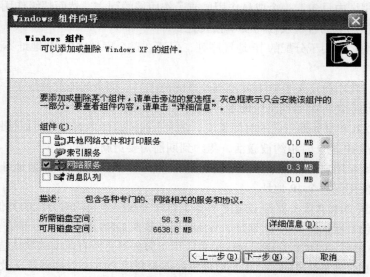

图 11-2 "Windows 组件向导"对话框

③ 双击打开"网络服务"对话框,选中"动态主机配置协议(DHCP)"复选项,如图 11-3 所示,单击"确定"按钮。

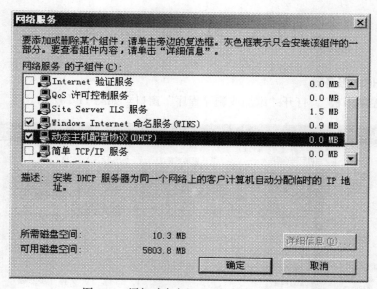

图 11-3 添加动态主机配置协议(DHCP)

④ 单击"下一步"按钮,系统提示插入 Windows Server 2003 安装光盘。插入光盘后,按提示完成 DHCP 服务的安装。

⑤ 单击"完成"按钮,返回"添加/删除程序"对话框,然后单击"关闭"按钮即可。安装完毕后管理工具中多了一个 DHCP 管理项。

2. 在 DHCP 服务器中添加作用域

① 选择“开始”→“程序”→“管理工具”→“DHCP”选项，启动 DHCP 控制台，如图 11-4 所示。在 DHCP 控制台中，右击要添加的作用域的服务器，选择快捷菜单中的“新建作用域”选项。

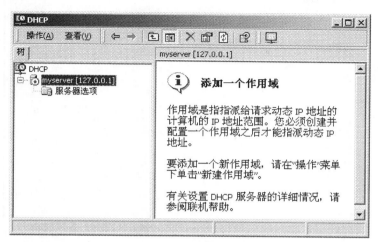

图 11-4　DHCP 控制台

② 单击“下一步”按钮，在“名称”文本框中输入新建 DHCP 作用域的域名，如“MyDHCP”，如图 11-5 所示。

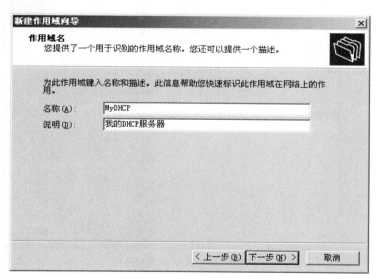

图 11-5　输入新建 DHCP 作用域的域名

③ 单击“下一步”按钮，输入作用域将分配的地址范围及子网掩码。例如，可分配地址范围为“192.168.0.10 ~ 192.168.0.244”，则设置“起始 IP 地址”为“192.168.0.10”，“结束 IP 地址”为“192.168.0.244”，“子网掩码”为“255.255.255.0”，如图 11-6 所示。

④ 单击"下一步"按钮，在"新建作用域向导"对话框的"添加排除"界面中输入需要排除的地址范围后单击"添加"按钮，如图 11-7 所示。

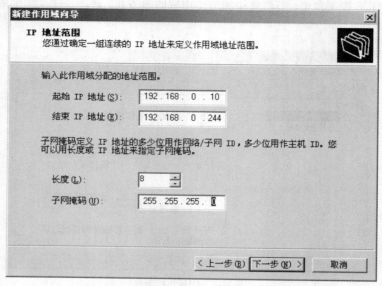

图 11-6　设置 DHCP 作用域的 IP 地址范围

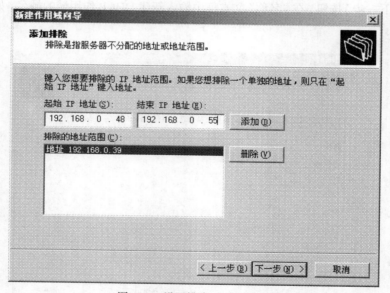

图 11-7　设置排除 IP 地址范围

⑤ 单击"下一步"按钮，打开"新建作用域向导"对话框的"租约期限"界面，设置租约期限，如图 11-8 所示。

⑥ 单击"下一步"按钮，打开"新建作用域向导"对话框的"配置 DHCP 选项"界面，选中"是，我想现在配置这些选项"单选项，如图 11-9 所示。

⑦ 单击"下一步"按钮，在打开"新建作用域向导"对话框的"路由器（默认网关）"界面中，根据网络情况输入网关 IP 地址后单击"添加"按钮，如图 11-10 所示。

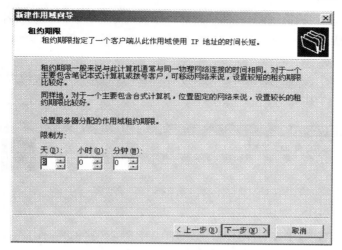

图 11-8　设置 IP 租约期限

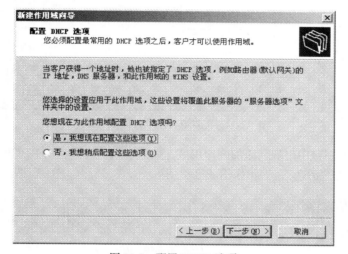

图 11-9　配置 DHCP 选项

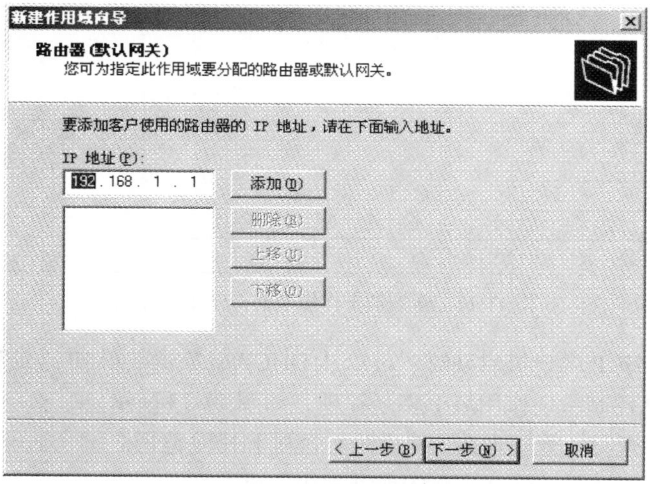

图 11-10　配置路由器（网关）IP 地址

⑧ 单击"下一步"按钮，在打开的"新建作用域向导"对话框的"域名称和 DNS 服务器"
界面中，根据实际情况输入父域名称、服务器名称和 IP 地址，单击"添加"按钮，如图 11-11
所示。

⑨ 单击"下一步"按钮，添加 WINS 服务器的地址（根据具体情况设置），然后单击"下一
步"按钮，选择激活作用域。

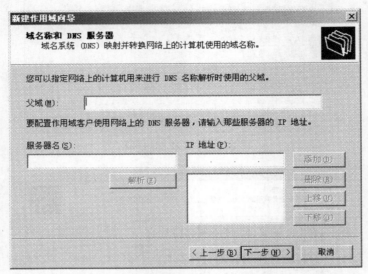

图 11-11　配置域名称和 DNS 服务器

⑩ 在 DHCP 控制台中出现新添加的作用域，如图 11-12 所示。在 DHCP 控制台右侧窗格的
状态栏中显示状态为"活动"，表示作用域已启用。

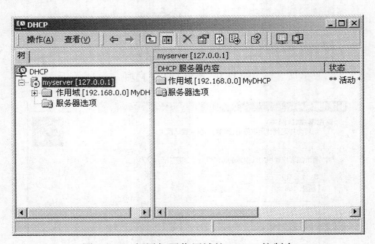

图 11-12　新添加了作用域的 DHCP 控制台

设置完毕，当 DHCP 客户机启动时，可以从 DHCP 服务器获得 IP 地址租约及选项设置。
同时，在 DHCP 控制台中作用域下多了 4 项，如图 11-13 所示。

- 地址池：用于查看、管理现在的有效地址范围和排除范围。
- 地址租约：用于查看、管理当前的地址租用情况。

- 保留：用于添加、删除特定保留的 IP 地址。
- 作用域选项：用于查看、管理当前作用域提供的选项类型及其设置值。

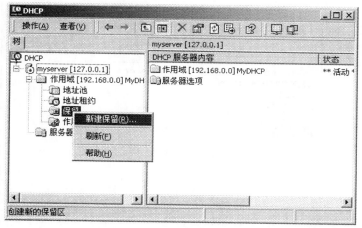

图 11-13　新建保留 IP 地址

3. 保留特定的 IP 地址

如果用户想保留特定的 IP 地址给指定的客户机（如 WINS Server、IIS Server 等），以便客户机在每次启动时都能获得相同的 IP 地址，可按以下步骤设置。

① 启动 DHCP，右键单击左窗格中的"保留"项，选择"新建保留"选项，如图 11-13 所示。

② 打开"新建保留"对话框，如图 11-14 所示。在"保留名称"对话框中输入客户名称，如"Server"，此名称只是一般的说明文字，无实际意义，并不是用户账号的名称，但此处不能为空白。在"IP 地址"文本框中输入要保留的 IP 地址，如"192.168.1.18"。在"MAC 地址"文本框中输入上述 IP 地址要保留给的主机的 12 位十六进制网卡号（每一块网卡都有一个唯一的 MAC 地址，可在 Windows Server 2003 计算机的 DOS 界面下利用 ipconfig/all 命令查看）。如果需要可在"说明"文本框中输入一些此客户的说明性文字。

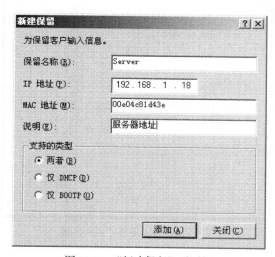

图 11-14　"新建保留"对话框

③ 选中"支持的类型"区域中的 3 个单选项之一后，单击"添加"按钮。如果需要添加其他

保留地址，则重复上述步骤。

④ 单击"关闭"按钮，添加保留后的 DHCP 控制台如图 11-15 所示。

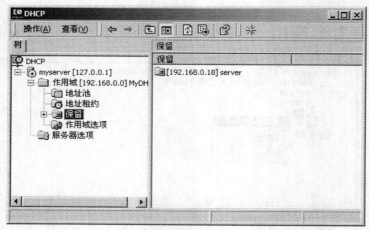

图 11-15　添加保留后的 DHCP 控制台

4. DHCP 客户机的配置

客户机要从 DHCP 服务器获得 IP 地址必须进行相应配置，配置过程如下。

① 在"网上邻居"图标上右击，选择"属性"选项，打开"网络连接"对话框。

② 在"本地连接"上右击，选择"属性"选项，打开"本地连接　属性"对话框。

③ 选中"Internet 协议（TCP/IP）"复选项，单击"属性"按钮，打开"Internet 协议（TCP/IP）属性"对话框，选择"常规"选项卡，选中"自动获得 IP 地址"单选项，如图 11-16 所示。

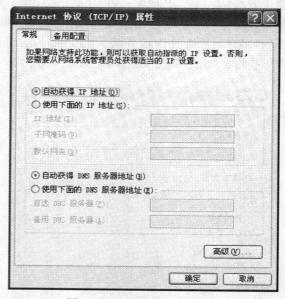

图 11-16　DHCP 客户端的配置

④ 单击"确定"按钮，即可完成客户端的配置。

⑤ 将客户机重新启动，在 DOS 命令窗口中输入"ipconfig/all"，查询客户机的 IP 配置情况。

　　DHCP 服务器的地址应该是刚才配置的地址，若不是，则说明本网上有多台工作的 DHCP 服务器，IP 地址是 DHCP 服务器从激活的作用域地址池中选取的当时尚未分配的一个地址。"获得租用权"（Lease Obtained）是指使用开始时间；"租期已到"（Lease Expires）是 IP 地址合法使用的结束时间，到期后计算机会重新续订。

11.4　实　验　作　业

　　（1）在 Windows Server 2003/2008 上安装 DHCP 服务器。
　　（2）配置 DHCP 服务器与 DHCP 客户端。

DHCP 协议又称为信息地址动态分配协议。（当然上例中 IP 地址计算机上打开 DHCP 客户端，IP 地址由 DHCP 服务器为从 DHCP 服务器自动获取得到地址。下同）可以正常分配一个地址，设置 IP 地址。（Lease Obtained）及使用期限，"租约过期"（Lease Expiry）为 IP 为正常更新时间。

（1）Windows Server 2003/2008 上安装 DHCP 服务器。

（2）配置 DHCP 服务器与 DHCP 客户机。

实验 12
DNS 服务器的安装与配置

12.1　实验目的、性质及器材

1. 实验目的
- 掌握 DNS 服务在网络管理中的作用。
- 掌握在 Windows Server 2003/2008 上安装 DNS 服务器并启动服务的方法。
- 掌握 DNS 服务器与 DNS 客户端的配置，实现网内计算机的域名解析功能。
- 进行域名申请注册工作，实现基于 Internet 环境的 DNS 解析。

2. 实验性质
验证性实验。

3. 实验器材
计算机（已安装 Windows Server 2003/2008 操作系统）。

12.2　实 验 导 读

1. DNS 概述
在网络上，用 32 位 IP 地址表示源主机和目的主机是最简单、高效、可靠的方法，但要求用户记住复杂的数字并不是一个好办法，因为这一连串数字并没有实际意义。数字带来的感觉不直观，而且也不易管理。DNS 是一种采用客户机/服务器机制实现名称与 IP 地址转换的系统。通过建立 DNS 数据库，记录主机名称与 IP 地址的对应关系，并驻留在服务器端，为客户提供 IP 地址解析服务。当某台主机要与其他主机通信时，可以利用本机名称服务系统向 DNS 服务器查询所访问主机的 IP 地址，获得结果后，再通过 IP 地址访问远程主机。整个域名系统包括以下 4 部分。

（1）DNS 域名称空间：指定组织名称的域的层次结构。

（2）资源记录：将 DNS 域名映射到特定类型的信息数据，以供在名称空间解析时使用。

（3）DNS 服务器：存储和应答记录的名称查询。

（4）DNS 客户机：用来查询服务器，将名称解析为查询中指定的信息数据记录类型。

2. 域名解析方式
无论是 DNS 客户机向 DNS 服务器查询，还是一台 DNS 服务器向另一台 DNS 服务器查询，都采用以下 3 种解析方式。

（1）递归查询：无论是否查到 IP 地址，服务器明确答复客户机是否存在。

（2）迭代查询：DNS 服务器接到查询命令后，若本地数据库中没有匹配的记录，会告诉 DNS 客户机另一个 DNS 服务器的地址，然后由客户机向另一台 DNS 服务器查询，直至找到所需的数据。如果最后一台 DNS 服务器中也没有所需数据，则宣告查询失败。

（3）反向查询：由 IP 地址查询对应的计算机域名。在名称查询期间使用已知的 IP 地址查询对应的计算机名称。

3. 域名注册

用户想在 Internet 上使用任何网络实体都必须有一个注册名，该注册名最终由 InterNIC 注册，并通过根域服务器被其他人访问。在实际操作过程中，由于网络域名管理的授权机制，用户并不需要直接在 InterNIC 注册，而通过 InterNIC 授权的域管理机构或注册服务提供商申请。一般情况下申请机构会授权提供给企业一组连续的 IP 地址，并返回所申请的合法域名。在此基础上，可配置自己的 DNS 服务器及 IP 地址，并将 DNS 服务器的 IP 地址上报给 NIC，因为用户的 DNS 是 Internet 域名体系的一部分，其他人可通过此 DNS 访问用户域中的计算机，同样用户本身可以在自己的域下建立新的子域（由自己的 DNS 负责解析）。需要注意的是，如果想改变域名 DNS 服务器的地址，必须向相应的 NIC 重新注册，否则会造成 DNS 工作错误。当然也可以由 ISP 提供域名服务器服务并通过 ISP 进行相关的 DNS 配置工作。

12.3　实　验　内　容

1. DNS 的安装

在以下实验中，DNS 服务器的计算机名为 MyDNS，IP 地址为 192.168.1.5，配置的 DNS 名为 mydomain.edu.cn。

（1）在选定的安装域名系统的服务器上，打开"控制面板"窗口，双击"添加或删除程序"图标，在"添加或删除程序"对话框单击"添加/删除 Windows 组件"按钮，在组件列表中选择"网络服务"选项。

（2）双击打开"网络服务"对话框，选中"域名系统（DNS）"复选项，如图 12-1 所示。然后单击"确定"按钮。

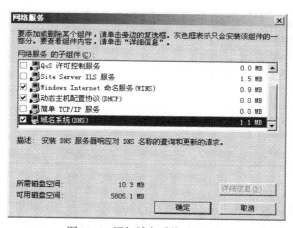

图 12-1　添加域名系统（DNS）

（3）单击"下一步"按钮，系统提示插入 Windows Server 2003 安装光盘。插入光盘后，按提示完成 DNS 服务的安装。

（4）单击"完成"按钮，返回"添加/删除程序"对话框，单击"关闭"按钮。安装完毕后在管理工具中多了一个 DNS 管理项。

配置的第一步就是新建区域。Windows Server 2003 支持以下 4 种区域。

• 主要区域：保存的是各台计算机 Resource Record 的正本数据（Master Copy），主要区域的正本数据可以复制到辅助区域中，可以在这个服务器上直接更新。

• 辅助区域：保存在另外一台服务器上的区域副本，副本数据是从主要区域的正本数据复制而来的，不可以直接修改。其主要作用是平衡主服务器的查询负担，并提供容错功能，在主服务器死机的时候由辅助区域服务器提供查询。

• 存根区域：只保存名称服务器（NS）、起始授权机构（SOA）和粘连主机（A）记录，含有存根区域的服务器对该区域没有管理的权力，仅仅作为备份使用。

• 在 Active Directory 中的存储区域：在 Windows Server 2003 中，规定此区域只有在 DNS 服务器是域控制器的时候才可以使用。

2．DNS 正向区域的配置

正向查找区域是将 DNS 名称转换为 IP 地址，并提供可用的网络服务信息。在 DNS 中新建正向区域的步骤如下。

（1）新建正向区域文件。

① 选择"开始"→"程序"→"管理工具"→"DNS"选项，打开 DNS 控制台，展开服务器 MYDNS。右击 MYDNS 下的"正向查找区域"项，选择"新建区域"选项，如图 12-2 所示。打开"新建区域向导"对话框，单击"下一步"按钮。

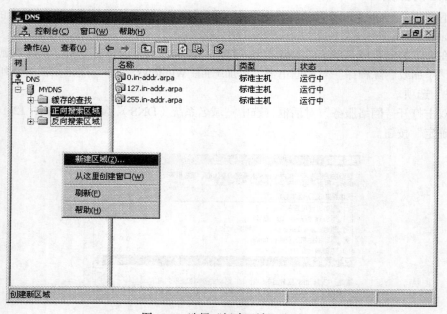

图 12-2　选择"新建区域"选项

② 选中"标准主要区域"单选项，如图 12-3 所示，单击"下一步"按钮。

③ 输入区域名称，如"mydomain.edu.cn"，如图 12-4 所示，单击"下一步"按钮。

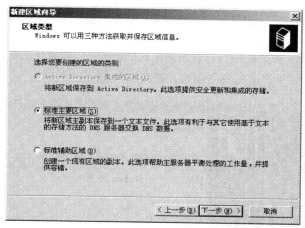

图 12-3　选择区域类型

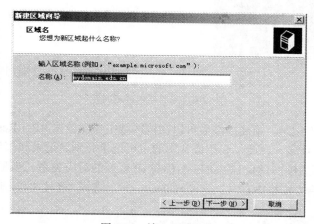

图 12-4　输入区域名称

④ 创建一个新的区域文件，系统默认命名为新建区域名，后缀为.dns。例如，这里新建的 DNS 名称是 "mydomain.edu.cn"，则默认新建区域文件的名称为 "mydomain.edu.cn.dns"，如图 12-5 所示，单击"下一步"按钮。

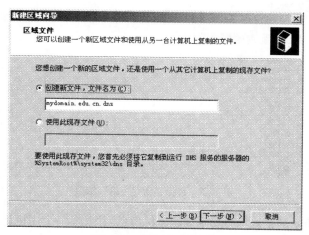

图 12-5　创建新区域文件

⑤ 选择区域更新的方式，这里出于安全考虑，设置为"不允许动态更新"，单击"下一步"按钮。

⑥ 完成区域的新建，对话框中会显示新建区域的设置，如果有什么需要改动的可以单击"上一步"按钮，确认无误后单击"完成"按钮，如图 12-6 所示。

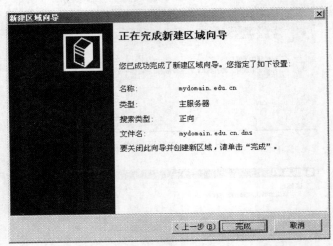

图 12-6　完成新建区域向导

（2）增加区域文件记录。新建区域后可以在该区域中建立数据 RR（Resource Records，资源记录）。由于 RR 类型众多，在此仅介绍最常用的主机记录、别名记录和邮件交换器。

增加主机记录就是建立计算机的 DNS 名称与 IP 地址的对应关系，步骤如下。

① 在 DNS 控制台左窗格中右击"mydomain.edu.cn"，选择"新建主机"选项，如图 12-7 所示。

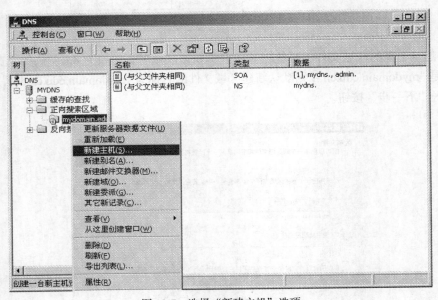

图 12-7　选择"新建主机"选项

② 按如图 12-8 所示的格式填写要添加的主机信息。添加了一个主机记录后的 DNS 控制台如图 12-9 所示。

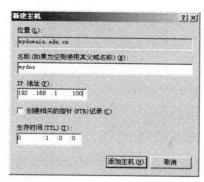

图 12-8　添加新建主机信息

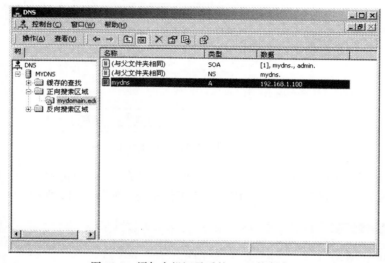

图 12-9　添加主机记录后的 DNS 控制台

③ 以相同的方式可以添加其他计算机的主机记录或其他记录类型（主要有邮件交换器记录，方法同主机记录），如图 12-10 所示。

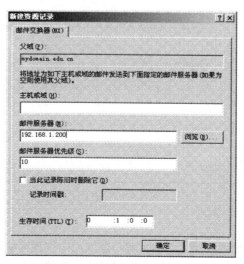

图 12-10　新建邮件交换器记录

④ 如果 mydns 作为 mydomain.edu.cn 域的 Web 服务器，可以为其起一个别名 www。方法与新建主机类似，在新建资源记录时，选择"别名（CNAME）"选项即可，如图 12-11 所示。

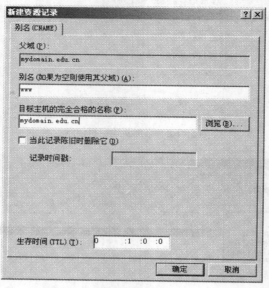

图 12-11　新建别名 www 主机记录

⑤ 单击"确定"按钮返回 DNS 控制台，显示已配置了一个主机记录、一个别名记录（www 对应于 MYDNS）、一个邮件交换器（MX）用于邮件系统，如图 12-12 所示。

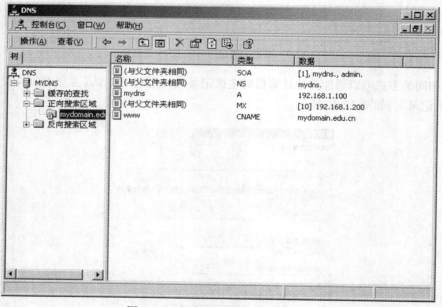

图 12-12　新建主机后的 DNS 控制台

3. 反向查找区域配置

反向查找区域是将 IP 地址转换为域名名称。建立反向查找区域可以让用户通过计算机的 IP 地址反向查询 DNS 名称，一般与正向区域数据相对应，步骤如下。

（1）新建反向查找区域文件。

① 在 DNS 控制台左窗格中右击"反向查找区域"项，选择"新建区域"选项，打开"新建区域向导"对话框。

② 单击"下一步"按钮，选择新建一个主要区域。

③ 单击"下一步"按钮，输入要反向查询的"网络 ID"，如图 12-13 所示。

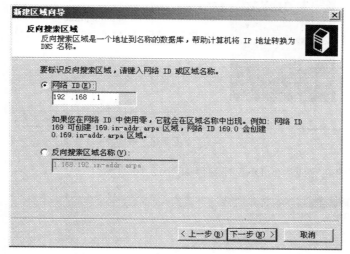

图 12-13　输入反向搜索区域网络 ID

④ 单击"下一步"按钮，创建一个新的区域文件，系统默认命名为反向查询的网络 ID 加后缀.in-addr.arpa.dns，如图 12-14 所示。

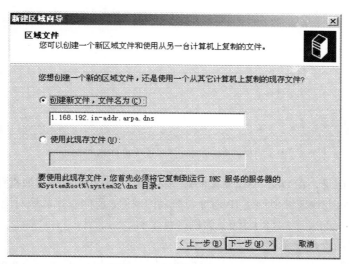

图 12-14　创建新区域文件

⑤ 单击"下一步"按钮，选择区域更新的方式。这里出于安全考虑，设置为"不允许动态更新"。

⑥ 单击"下一步"按钮，完成反向查找区域的新建。对话框里会显示此区域的设置，核对信息完整无误后单击"完成"按钮，如图 12-15 所示。

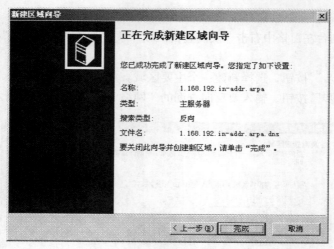

图 12-15　完成新建区域向导

反向查找区域建立完成后的 DNS 控制台如图 12-16 所示。

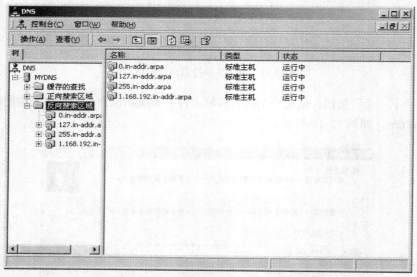

图 12-16　建立反向查找区域后的 DNS 控制台

（2）添加指针记录。在 DNS 中建立反向查找区域后，还要求用户增加指针记录（PTR）RR，这种 RR 用于在反向查找区域中创建 IP 地址与域名的映射，反向查找区域对应于其正向区域中的主机 RR，这里以 msdn（192.168.1.300）为例进行说明。

添加指针记录的操作步骤如下。

① 在 DNS 控制台中，右击新建的反向查找区域名称 1.168.192.in-addr.arpa.dns，选择"新建指针（PTR）"选项。

② 在打开的"新建资源记录"对话框中，在"主机 IP 号"文本框中输入希望作为反向查找区域主机的 IP 号，比如"300"。然后，用户还必须在"主机名"文本框中输入该主机的名称，这里输入的是"mydns.mydomain.edu.cn"。另外，用户还可以通过"浏览"按钮直接在域中指定主机，如图 12-17 所示。

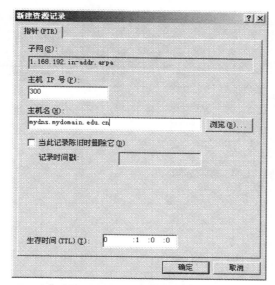

图 12-17　新建指针记录

③ 单击"确定"按钮，系统将自动为反向查找区域创建指针记录。完成后的 DNS 控制台如图 12-18 所示。

如果需要在反向区域中添加其他记录，方法同上。

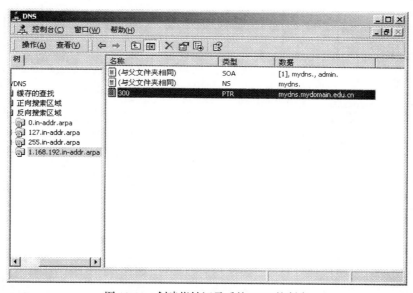

图 12-18　创建指针记录后的 DNS 控制台

4. 添加子域

如果 mydomain.edu.cn 域中包含 inf、art 等系名，在不建立新区域的前提下，希望能从计算机的 DNS 名称看出该主机属于 inf 系或是 art 系，则可以在 mydomain.edu.cn 区域中建立子域。

建立子域的步骤如下。

① 在 DNS 控制台窗口中右击已建立的区域名称"mydomain.edu.cn"，选择"新建域"选项，如图 12-19 所示。

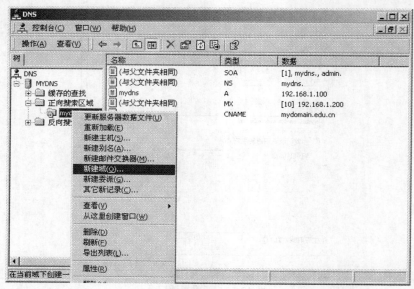

图 12-19　选择"新建域"选项

② 在打开的"新建 DNS 域"对话框中输入子域的名称，这里输入的是"art"。

③ 单击"确定"按钮，系统将在 mydomain.edu.cn 区域中添加 art 的子域，建立子域后的 DNS 控制台如图 12-20 所示。

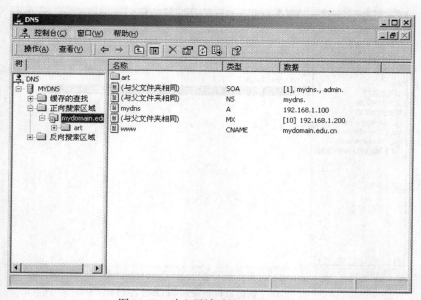

图 12-20　建立子域后的 DNS 控制台

④ 建立子域后，可以在其中添加各种记录。

5. DNS 客户机的设置

客户端只有正确地指向 DNS 服务器才能查询到所要的 IP 地址。设置 DNS 客户端的步骤如下。

① 在桌面上右击"网上邻居"图标，选择"属性"选项，打开"网络连接"窗口。选中"本地连接"，右击并选择"属性"选项，打开"本地连接　属性"对话框。

② 在"本地连接　属性"对话框中，选中"Internet 协议（TCP/IP）"复选项，单击"属性"按钮，打开"Internet 协议（TCP/IP）属性"对话框。

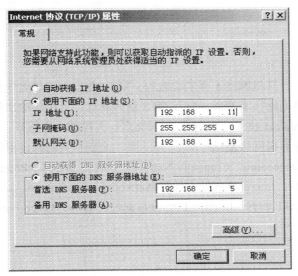

图 12-21　DNS 客户端的设置

③ 输入 DNS 服务器的 IP 地址，然后单击"添加"按钮就可以添加 DNS 服务器到服务器清单中，添加所有的 DNS 服务器以后单击"确定"按钮完成客户端的设置，如图 12-21 所示。在服务器清单中，最上面的 DNS 服务器拥有询问的优先级。

12.4　实 验 作 业

（1）在 Windows Server 2003/2008 上安装 DNS 服务器。
（2）配置 DNS 服务器与 DNS 客户端。

[1] 俞黎阳，等．计算机网络工程实验教程［M］．北京：清华大学出版社，2012．

[2] 周舸．计算机网络技术基础［M］．第 3 版．北京：人民邮电出版社，2012．

[3] 周舸，等．Internet 技术与应用［M］．北京：人民邮电出版社，2008．

[4] 杜煜，等．计算机网络基础［M］．第 2 版．北京：人民邮电出版社，2006．

[5] Andrew S．Tanenbaum．Computer Networks［M］．3rd ed．Prentice—Hall Inc，2006．

[6] Steve McQuery．Interconnecting Cisco Networks．Cisco Press，2005．

[7] 3Com Technical Papers．Internet Firewalls and Security．Cisco Press，2007．